U0349511

本书受教育部人文社会科学研究项目——"促进生态文明建设的大型工业城市低碳发展标准及评价体系研究"（项目编号：13YJC630237）、国家自然科学基金项目——"嵌入性视角下工业聚集区生态风险交叉传染机制及阻断策略研究"（项目编号：71503180）、天津市科技计划项目——"促进科技金融耦合发展的科技支持政策工具选择研究"（合同编号：152LZLZF00530）资助。

京津冀区域碳减排能力测度与合作路径研究

兼论区域碳分配与风险控制问题

RESEARCH ON CAPACITY MEASUREMENT AND COOPERATION PATH OF CARBON EMISSION REDUCTION IN BEIJING · TIANJIN · HEBEI
—Also on Regional Carbon Distribution and Risk Control

郑红梅　王庆山　朴胜任◎著

经济管理出版社
ECONOMY & MANAGEMENT PUBLISHING HOUSE

图书在版编目（CIP）数据

京津冀区域碳减排能力测度与合作路径研究——兼论区域碳分配与风险控制问题/郑红梅，王庆山，朴胜任著．—北京：经济管理出版社，2017.1

ISBN 978 - 7 - 5096 - 4959 - 6

Ⅰ．①京…　Ⅱ．①郑…　②王…　③朴…　Ⅲ．①二氧化碳—减量化—排气—研究—华北地区　Ⅳ．①X511

中国版本图书馆 CIP 数据核字（2017）第 031332 号

组稿编辑：杨雅琳
责任编辑：杨雅琳
责任印制：黄章平
责任校对：王淑卿

出版发行：经济管理出版社
　　　　　（北京市海淀区北蜂窝 8 号中雅大厦 A 座 11 层　100038）
网　　址：www. E - mp. com. cn
电　　话：（010）51915602
印　　刷：北京玺诚印务有限公司
经　　销：新华书店
开　　本：720mm × 1000mm/16
印　　张：14.25
字　　数：243 千字
版　　次：2017 年 4 月第 1 版　　2017 年 4 月第 1 次印刷
书　　号：ISBN 978 - 7 - 5096 - 4959 - 6
定　　价：58.00 元

目　录

上篇　京津冀区域低碳经济发展现状
及碳减排能力测度

上　篇
京津冀区域低碳经济发展现状及碳减排能力测度

第一章 绪论

第一节 京津冀协同碳减排研究背景

一、国际开展应对全球气候变化问题的行动

1. 国际气候问题谈判进程逐步推进

气候变化是当今全球面临的重要环境问题。IPCC（联合国政府间气候变化专门委员会）第四次报告认为，观测到的 20 世纪中叶以来大部分的全球平均温度升高，很可能是由人类排放温室气体（GHG）所致，并进一步表示，自 1970 年起，人类活动极有可能已经对气候产生了相当大的净变暖影响。二氧化碳（CO_2）是最重要的人为温室气体，化石燃料等所产生的二氧化碳是大气二氧化碳增强的主要来源（王富平、邹涛、栗德祥，2010）。面对全球变暖的压力，国际社会在各个领域展开碳减排合作，并就全球气候变化问题达成许多共识，如图 1-1 所示。

2. 中国积极参与碳减排行动

中国是世界上最大的发展中国家，也是碳排放最多的国家之一，这就使我国

年份　公约缔约会议　地点　成果	2006年COP12（MOP2）内罗毕 主要议题为2012年之后如何进一步降低温室气体的排放
1995年COP1柏林《柏林授权》	2007年COP13（MOP3）巴厘岛 巴厘岛路线图启动了加强《公约》和《京都议定书》全面实施的谈判进程，致力于在2009年底前完成《京都议定书》第一承诺期2012年到期后全球应对气候变化新安排的谈判并签署有关协议
1996年COP2日内瓦《日内瓦宣言》	
1997年COP3京都《京都议定书》 对2012年前主要发达国家减排温室气体的种类、减排时间表和额度等做出了具体规定。于2005年开始生效。根据这份议定书，2008~2012年，主要工业发达国家的温室气体排放量要在1990年基础上平均减少5.2%	2008年COP14（MOP4）波兹南落实巴厘行动计划
	2009年COP15（MOP5）哥本哈根《哥本哈根协议》维护"共同但有区别的责任"原则，就发达国家实行强制减排和发展中国家采取自主减缓行动作出了安排，并就全球长期目标、资金和技术支持、透明度等焦点问题达成广泛共识
1998年COP4布宜诺斯艾利斯 《布宜诺斯艾利斯行动计划》	
1999年COP5波恩未能取得重要进展	2010年COP16（MOP6）坎昆 通过两项应对气候变化决议，推动谈判进程向前
2000年COP6海牙未能取得重要进展	2011年COP17（MOP7）德班 决定启动绿色气候基金、建立德班增强行动平台特设工作组、2013年开始实施《京都议定书》第二承诺期
2001年COP6波恩（续会）《波恩政治协议》	
2001年COP7马拉喀什《马拉喀什协定》	2012年COP18（MOP8）多哈 1. 通过《京都议定书》第二承诺期修正案，为相关发达国家和经济转轨国家设定了2013年1月1日至2020年12月31日的温室气体量化减排指标 2. 会议要求发达国家继续增加出资规模，帮助发展中国家提高应对气候变化的能力 3. 对德班平台谈判的工作安排进行了总体规划
2002年COP8新德里《德里宣言》 强调应对气候变化必须在可持续发展的框架内进行	
2003年COP9米兰 通过造林再造林模式和程序	
2004年COP10布宜诺斯艾利斯 通过简化小规模造林再造林模式和程序，就《公约》生效10周年来取得的成就和未来挑战、气候变化带来的影响、温室气体减排政策以及在公约框架下的技术转让、资金机制、能力建设等重要问题进行了讨论	2013年COP19（MOP9）华沙 1. 德班增强行动平台基本体现"共同但有区别的原则" 2. 发达国家再次承认应出资支持发展中国家应对气候变化 3. 就损失损害补偿机制问题达成初步协议，同意开启有关谈判。然而，三个议题的实质性争议都没有解决
2005年COP11（MOP1）蒙特利尔 通过启动《京东议定书》2012年之后第二承诺期谈判等诸多重要议题	2014年COP20（MOP10）利马 希望各方就2015年决议草案要素、国家自主决定贡献的信息、提高资金支持力度等重要议题形成共识

图1-1　国际气候问题谈判进程

注：MOP代表《京都议定书》生效后的缔约方大会。

资料来源：笔者根据相关资料整理得到。

今后将面对更大的碳减排压力。中国作为负责任的大国，也采取有力措施控制二氧化碳排放。近些年，通过一系列政策的制定和出台，全面保证减排工作的顺利实施。我国以积极的态度展示出一个负责任的大国形象，坚持"共同但有区别的责任"，积极参与各项谈判的磋商与协调，兑现所做的各项承诺，与各国携手，共同应对气候变化问题。2009 年的哥本哈根会议上，我国总理温家宝做出承诺：到 2020 年单位国内生产总值（Gross Domestic Product，GDP）二氧化碳排放比 2005 年下降 40%～45%。这一目标远远高于美国宣布的减排 17%、欧盟提出的最高减排 30% 的目标，由此可见我国对于减排工作的重视程度，在 10 年时间内实现这一目标十分艰难，需要长久不懈的努力。我国在"十二五"规划中提出了加快能源规划制定以及制定总量控制目标和分解机制的要求，实行强度和总量的双重控制。2010 年 10 月，国家发改委确定广东、辽宁、湖北、陕西、云南五省，天津、重庆、深圳、厦门、杭州、南昌、贵阳、保定八市为第一批低碳试点城市。2012 年 11 月确立北京、上海、海南和石家庄等 29 个省市为第二批低碳试点城市。"十一五"期间，中国以能源消费年均 6.6% 的增速支撑了国民经济年均 11.2% 的增长，累计节约能量达到 6.3 亿吨标准煤，二氧化碳减排量达到 14.6 亿吨，为全球应对气候变化做了积极贡献（彭斯震、张九天，2012）。

二、京津冀产业协同发展进程持续推进

当前世界上一半以上的人口居住在城市中，超过 75% 的温室气体从城市产生（戴亦欣，2009）。京津冀地区作为我国人口规模大、科技创新能力强、产业群高度集中的区域之一，其在经济迅速发展的同时也造成了严重的环境污染问题。2014 年 2 月 26 日，国家主席习近平在北京主持召开座谈会，专题听取了京津冀协同发展工作汇报，强调实现京津冀协同发展的重要作用，是一个重大的国家战略。同时就京津冀协同发展提出七点要求，其中第五点明确提出要着力扩大京津冀环境容量生态空间，加强生态环境保护合作，在已经启动大气污染防治协作机制的基础上，完善防护林建设、水资源保护、水环境治理、清洁能源使用等领域的合作机制。二氧化碳作为造成温室效应的元凶，造成京津冀环境污染、能源浪费的关键因素，也成为京津冀协同发展中不可忽视的重要因素。

三、京津冀产业转移带来诸多环境问题

《京津冀协同发展战略实施方案》中指出，天津与河北省需要积极承接北京产业转移及溢出，但是在产业转移、实现区域产业空间合理布局的同时，也会带来诸多环境问题：①由外商直接投资而产生的产业转移主要集中于污染密集型行业。②一些欠发达地区在招商引资时常以GDP为追求目标进而降低环境标准，忽视了产业节能减排的问题。③高排放、高耗能产业在国际或一国范围内的空间重组会造成产业污染、碳排放转移的收入效应和替代效应，进而会产生碳排放分配和生态补偿的公平性与客观性问题。④在产业转移的过程中，多数产业转出地或承接地都没有明确的减排目标和碳排放指标分配规则，甚至出现承接产业与其环境的主体功能、生产效率、产业基础、资源要素等方面不匹配，进而导致产业转移无序及布局不合理等问题。

以化石能源消耗为主的产业结构是促生中国经济快速增长的动力，也带来了我国二氧化碳排放量的急速增长。现阶段我国减排工作的开展主要是基于"总量和交易"的模式，按照国家、省市、区县，通过由上至下的碳减排指标分解，逐级推进。这种方式通过行政力保障了对减排工作的执行力，也较好地实现了目标效果。在这一模式下，京津冀各区域将面临较大的碳减排压力，各级政府如何制定减排策略，转变经济发展方式，成为一个亟待解决的问题。此外，京津冀区域经济发展状况、产业结构、资源禀赋、技术水平、政策制度、思想观念、区域文化、政府力量等不同，难以在异质经济体之间达成一致的低碳行为选择，从而影响减排目标的实现（余晓钟、王湘、郑世文，2012）。如何兼顾经济发展与碳排放控制，将碳排放合理地进行地区分配也成为亟待解决的核心问题。

在此背景下，考虑到碳排放具有负外部性，碳排放的区域界线很难划定，任何区域都不能独善其身。京津冀地区是继长江三角洲（以下简称长三角）和珠江三角洲（以下简称珠三角）之后中国经济增长的第三大引擎，工业化程度很高，碳排放量较大，减排压力重大，在中国未来的减排任务中担当着重要的角色，同时京津冀区域产业结构差异性显著，各地区空间、资源、技术、产业

等方面互补性较强（于明言、王禹童，2012）。随着京津冀区域一体化进程的加快，必然加深碳减排方面的合作，对京津冀碳减排能力测度是京津冀合作的基础。

因此，本书上篇从区域合作角度落实我国的碳减排指标，跳出以区域为主体进行结构性分析的传统思路，把重点转向区域碳减排能力测度和合作碳减排路径选择研究，为区域开展碳减排工作提供新的参考范式，主要涉及碳减排能力的内涵、区域碳减排能力测度研究与评价以及区域合作减排路径及对策等。

本书下篇从京津冀产业转移视角，着重论述区域能源消费碳排放额度分配模式，制定差别化且合理的碳减排目标，并针对碳排放权交易过程中可能产生的企业违约问题，提出具有针对性的对策建议。

第二节 相关研究现状

一、碳减排能力研究现状

随着低碳省区和低碳城市试点的开展，区域碳减排相关的研究已成为学术界的热点问题。区域碳减排能力测度就是分析区域碳排放的主要影响因素，并确定其所占比重，然后才能有针对性地提高区域碳减排的薄弱环节。上篇先以"碳减排"和"评价"为主题词在 CNKI 检索，对 2003～2013 年国内有关碳减排的重要文献数量进行了统计，如表 1－1 所示，然后以"碳减排"和"合作"为主题词在 CNKI 检索，文献数量统计如表 1－2 所示。相应文献数量变化趋势如图 1－2 和图 1－3 所示。

由表 1－1、表 1－2 和图 1－2、图 1－3 可知，2003～2013 年有关碳减排评价方面的研究共 303 篇，2003～2012 年文献数目整体是上升的，2012 年研究文献最多，达到 110 篇。从整体数量上讲关于碳减排文献数量较少，而且优秀期刊和

表 1 - 1   2003 ~ 2013 年碳减排评价研究相关文献统计

	年份	2003	2004	2005	2006	2007	2008	2009	2010	2011	2012	2013
文献数目（篇）	学术期刊论文	0	1	2	4	3	5	5	20	40	38	23
	优秀硕士论文	0	0	1	1	2	1	2	11	36	59	17
	优秀博士论文	0	0	0	1	0	0	1	4	11	13	1
	全部文献	0	1	3	6	5	6	8	36	87	110	41

表 1 - 2   2003 ~ 2013 年碳减排合作相关文献统计

	年份	2003	2004	2005	2006	2007	2008	2009	2010	2011	2012	2013
文献数目（篇）	学术期刊论文	0	0	3	6	1	5	11	28	38	28	22
	优秀硕士论文	0	0	0	1	3	2	2	10	22	27	8
	优秀博士论文	0	0	0	0	0	0	0	3	10	3	1
	全部文献	0	0	3	7	4	7	13	41	70	58	31

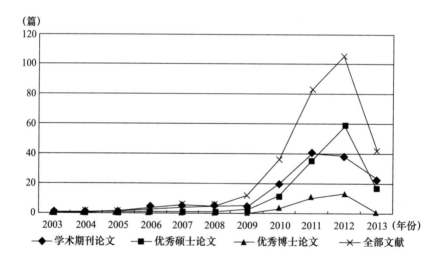

图 1 - 2   2003 ~ 2013 年碳减排评价方面文献数量变化

硕博论文的数量相对较少，2013 年关于碳减排评价的优秀博士论文只有 1 篇。关于碳减排合作相关的文献在 CNKI 搜索到 234 篇，2011 年研究文献最多，达 70 篇，从整体数量上来讲也较少，缺乏优秀的期刊和硕博论文。以上统计和分析

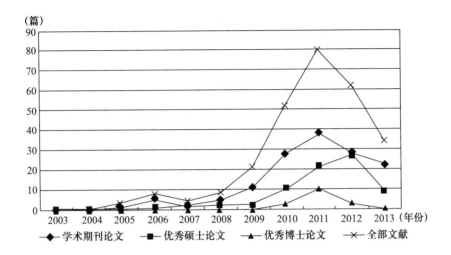

图 1 - 3 2003 ~ 2013 年碳减排合作方面文献数量变化

说明这两方面的问题研究需要更多的学者去探讨，也是未来研究的热点。

在全球化背景下，国内外相关领域学者开始广泛关注国际贸易、国际或国内产业转移及其带来的"碳转移"、"碳泄漏"等问题，但研究主要集中于国际产业层面。

二、国际贸易与碳排放

Water（1973）、Water 和 Ugelow（1979）较早地提出了"污染避难所"假说，随后污染产业跨区域转移问题开始逐渐成为各界研究焦点。Mani 和 Wheeler（1998）通过分析经济合作与发展组织国家 1960 ~ 1995 年的数据，证实了发达国家受其严格的环境标准约束，将一些污染产业逐渐向某些环境标准较为宽松的发展中国家进行转移。国际产业转移有两种较为普遍的途径：国际贸易与外商直接投资。Crossman 和 Krueger（1993）认为，由于贸易壁垒的逐步消除，国际贸易对环境会产生规模、结构、技术三种效应，随之污染也会转移到其他国家。Peters 和 Hertwich（2008）认为，国际贸易加大了碳排放自由转移的程度，也带来碳泄漏问题，产品的生产者及消费者应该共同承担碳排放责任。Sharif 通过 9

个新兴工业化国家的对外贸易情况与碳排放情况的面板数据进行检验，发现对外贸易带来了高能源消耗及高碳排放问题，同时带来了严重的环境污染问题，但考虑到经济增长及城市化等诸多因素，这些国家的环境质量则在长时间内处在正常水平，并符合 EKC 曲线的发展规律。

一些研究也发现，随国际贸易转移的并不只有污染问题，也有积极的影响。因为转移过程中也伴有技术转移，会产生一定的技术效应。以我国为例，加入世界贸易组织（World Trade Organization，WTO）之后，虽然我国的碳排放总量持续上升，且其上升速度也超过出口贸易额的增速，但是全国的碳排放强度是呈现下降趋势的（朱启荣，2010）。

关于中国贸易污染问题的研究较多。包群和彭水军（2006）对 1997～2003 年中美贸易中的隐含碳排放情况进行研究，得出如下结论：若美国从中国进口的产品全部在美国生产，美国的碳排放量会增长 3%～6%。周茂荣和祝佳（2008）借助 ACT 模型，将经济发展中自由贸易部分对我国环境造成的影响剥离出来研究，证明自由贸易确实造成了我国环境的恶化，造成我国环境恶化的另一个主要原因是我国长期以来的粗放型增长方式以及不完善的环境法律制度。何丹丹（2012）利用投入—产出模型研究了中美贸易隐含碳排放量及中美进出口差额的情况，我国在中美贸易中属于隐含碳的净出口国。翟婷婷（2013）也用投入—产出法对中澳贸易中的隐含碳排放问题进行研究，结果表明，从 2008 年开始，中国转变为向澳洲转移碳排放，更加有利于中国向低碳经济转型。李勤（2010）认为，贸易自由化会对我国环境造成不利影响，其带来的消极的结构效应超出了积极的净规模—技术效应，且其对环境的影响在发达地区与不发达地区之间存在较大的地域差异，不发达地区的环境问题也更加严重。周新（2010）认为，国家温室气体排放清单中没有将贸易带来的碳转移问题考虑进去，并运用多区域投入—产出模型，计算了 10 个国家或地区在国际贸易中的隐含碳排放量，进而重新计算各国排放量。

三、产业转移与碳排放转移

李真（2013）对国际性产业转移的碳泄漏机制进行了研究，构建了碳的收益—成本估算模型，结果表明，碳泄漏是随着产业转移同步产生的，并且转入国、转出国的利益分配并不均衡，碳泄漏过程使转出国获得资源价差收益及国内环境收益，却增加了转入国的环境成本及资源价值期差成本。张为付和杜运苏（2011）利用投入—产出表对我国对外贸易的隐含碳失衡度展开研究，结果证明，我国在隐含碳方面不仅存在数量大的问题，而且不平衡现象较为严重，净出口隐含碳已经达到一个相当严重的程度。胥留德（2010）将产业转移导致的环境污染问题按来源分为四类，即废物资源化利用承接、挽救濒危企业、资源开发项目承接、淘汰产业或设备承接，他认为，应该根据不同类别的污染特点采取相应的对策措施，最大程度上降低环境污染，达到产业转接的预期效果。

区域产业协同发展、区域一体化、区域产业转移已逐渐成为促进区域协调有序发展的重要方式。对于碳排放的研究也逐渐转向随着区域产业转移带来的碳排放效应上。李平星和曹有挥（2013）剖析了长三角地区产业转移背景下工业方面的碳排放现状，得出产业转移是造成工业产值、产品结构及碳强度改变的主要原因，是影响区域碳排放格局的重要因素，同时推动了核心区和外围区碳排放强度的下降。姚亮和刘晶茹（2010）运用 1997 年投入—产出表及 EIO – LCA 方法对我国八大区域间隐含碳的流动及转移总量进行核算。俞毅（2010）构建了能源消耗、GDP 增长与传统产业省际转移相关联的非线性面板门限模型，结果表明 GDP 超过门限值的多数集于东部较发达省份，接着是中部、西部。成艾华和魏后凯（2013）以工业部门市场份额为依据，将我国划分为净转出、净转入和其他中西部三类地区，然后从碳排放系数、碳排放强度、经济结构、经济规模四个方面反映各地碳排放的差异及特征，研究发现，净转出地区的能源强度效应不断减小，经济结构效应逐渐显现，而净转入地区的碳排放强度最高。汪臻和赵定涛（2012）以生产者和消费者负有共同责任作为研究视角进行了减排责任的分配。

四、研究述评

现有文献多从国际、全国层面研究碳泄漏、隐含碳排放等问题，没有从某一特定区域深入研究产业转移与碳排放分配问题，再者大多以投入—产出方法核算碳转移，我国区域间投入—产出数据更新较慢，数据较为陈旧，无法反映近几年产业协同背景下各地产业转移、承接变化，同时该方法对产业转移的综合作用体现不明显，应该更加深入地从多个方面衡量产业协同、产业转移对区域内各地区的综合效应，并以此为一项重要依据进行区域碳排放的分配。根据"共同但有区别的责任"原则，发达国家、发展中国家的经济实力、人口数量、碳排放量等情况都有很大不同，在碳排放分配问题上，也应根据不同地区的碳排放相关情况，构建差异化的区域碳排放分配框架。

第三节　本书主要内容框架

上篇在广泛学习借鉴国内外相关文献资料的基础上，综合运用低碳经济理论、区域合作理论、熵值法综合评价等相关理论及方法，对京津冀低碳发展现状进行分析，构建京津冀碳减排能力指标体系，评价 2001～2010 年京津冀碳减排能力发展水平，依据指标分析的结果对京津冀区域合作碳减排路径进行选择，具体逻辑结构框架如图 1－4 所示。对区域碳减排能力进行分析，构建了比较完善的区域碳减排能力指标体系，采用熵值法测算各个评价指标的权重，结合综合评价模型对京津冀碳减排能力进行了相关分析。从低碳政府合作、低碳产业合作、低碳技术合作、碳汇合作和碳交易机制选择几个方面，提出京津冀合作碳减排路径选择策略。

下篇通过核算 2003～2011 年京津冀地区终端能源消费碳排放量，分析了区域内各地能源消费碳排放的特点，并进行了比较。在国内外碳排放分配原则、方

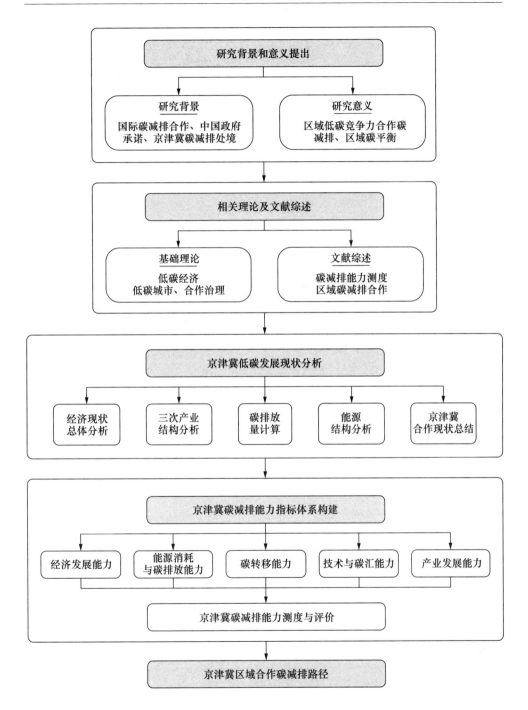

图 1-4 上篇逻辑结构

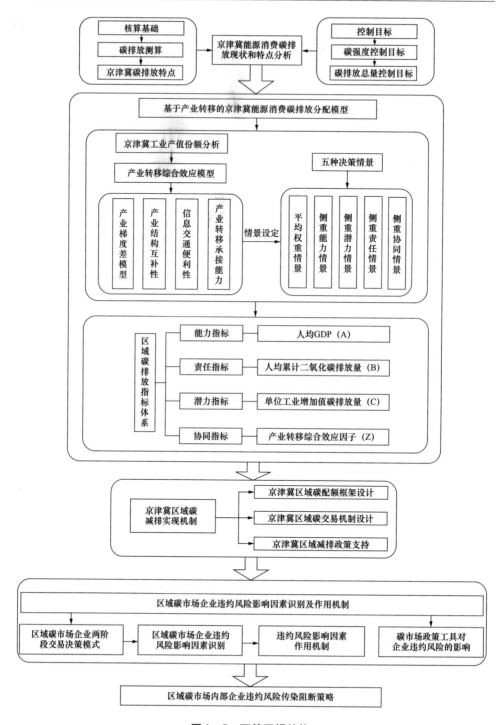

图1-5 下篇逻辑结构

法等相关研究的基础上，构建了区域产业协同背景下的京津冀能源消费碳排放分配模型，进行了区域内碳排放分配方法的探索。此外，构建产业转移综合效应模型，计算京津冀区域内各地区的产业转移综合效应值，将其纳入区域碳排放分配模型中，设置平均权重、侧重能力、侧重潜力、侧重责任、侧重协同五个情景，计算五种情景下京津冀区域各省市碳排放分配系数以衡量各省市碳减排责任。最后，建立区域碳减排框架，提出区域碳交易市场的构建思路及区域减排的对策建议。下篇的逻辑结构如图 1-5 所示。

第二章　碳减排相关理论及研究进展

第一节　低碳城市理论相关研究

一、低碳经济概念和内涵

低碳经济概念是英国首相布莱尔在 2003 年 2 月 24 日发表的《我们未来的能源——创建低碳经济》中提出的，而后 Johnston 从英国低碳建筑减排分析，认为应用现有技术到 21 世纪中期在 1990 年的基础上碳排放降低 80% 是有可能的（Johnston、Lowe、Bell，2005）。

2006 年，前世界银行首席经济学家 Nicolars 在报告中应用经济学知识对气候问题进行了分析，认为到 2050 年发达国家二氧化碳排放在 1990 年的基础上下降 60%～80%，呼吁全世界发展低碳经济（Nicolars，2007）。

Dagoumas（2010）认为，发展低碳经济是应对全球气候变化的主要手段，而技术创新是实现这一目标的主要动力。庄贵阳（2005）认为，低碳经济发展的核心是调整能源和产业结构，进行低碳技术创新。鲍健强、苗阳、陈锋（2008）提出，低碳经济是经济发展方式和能源消费方式的革新，是由对化石能源消耗依赖转向生态可持续发展的经济。李慧凤（2010）提出，低碳经济就是要改变目前的经济发展方式，改造依赖化石能源的工业体系，达到人与人、人与社会和谐统一的目的。付允等（2008）认为，低碳经济就是碳排放量低、能源利用效率高、经济效益高基础上的绿色经济。

上述学者从不同角度对低碳经济的内涵和概念进行了界定，均表明低碳经济是低能耗、低排放、低污染的一种经济形式，通过提高能源效率，创新管理制度达到提升经济水平，同时改变环境质量的目的。综合国内外学者对低碳经济概念和内涵的研究，本书总结低碳经济是兼顾能源和环境发展，经济—社会—环境诸要素的协调统一发展。

二、低碳城市概念和内涵

低碳城市概念是伴随着低碳经济理论而生的，关于低碳城市概念和内涵学术界众说纷纭。夏堃堡（2008）认为，低碳城市就是在城市实行低碳经济，建立资源节约型和环境友好型社会，建设一个良性的可持续的生态能源体系。刘志林等（2009）认为，低碳城市是经济发展方式、消费理念和生活方式的转变，实现有助于减少城市碳排放的建设模式。毕军（2009）强调，低碳城市是低碳经济和低碳社会的融合，既要低碳生产又要低碳消费。陈飞和诸大建（2009）强调建筑、交通和生产的低碳发展，倡导多使用可再生能源，加大绿地、森林等生态系统的规模。张英（2012）认为，低碳城市指在城市空间内通过调整能源结构，发展低碳技术，改变生产、消费方式实现碳排放尽可能减少，同时提高碳捕捉、碳中和能力，尽可能实现城市区域的低碳浓度甚至零碳指标。

综合以上学者观点，低碳城市是以城市空间为载体，发展低碳经济，推广低碳技术，倡导低碳消费，有效减少城市碳排放的发展模式。

三、低碳城市发展水平评价研究

潘家华指出，低碳城市应有一套评价标准体系，至少包含低碳能源、碳生产率、低碳消费和低碳政策，这几个指标处于世界先进水平，就是低碳城市。

Druckman（2009）运用环境型投入—产出模型分析了英国的碳减排情况。Parikh和 Panda（2009）应用投入—产出法（IO）和社会会计矩阵（SAM）评估印度经济发展的碳排放现状。Shimada 等（2007）构建了一套城市低碳经济评价方法，并将其应用到日本滋贺地区。Zhou 等（2010）应用环境 DEA 模型对世界 18 个国家的全要素二氧化碳减排绩效及生产效率进行了分析。付加锋等（2011）应用层次分析法对中国省域层面的低碳发展水平进行综合评价，并选取关键性指标和国外其他国家进行了比较，得出我国低碳经济发展水平与发达国家差距很大的结论。冯碧梅（2011）应用模糊综合评价模型，将专家评价考虑进来对湖北省低碳经济进行了评价。张炜铃等（2012）通过对比人均 GDP、单位 GDP、产业结构与各产业能耗指标，得出北京市低碳经济发展水平处于全国平均水平和美国平均水平之间，具有良好的低碳发展基础。

以上学者的研究主要应用投入—产出法、DEA 法以及模糊综合评价法等对国家/区域低碳经济发展进行了综合评价，但是目前低碳经济发展指标的建立比较松散，还没有形成统一的指标体系。

第二节　区域碳减排能力相关研究

一、区域碳减排能力的内涵界定

在低碳经济成为区域发展核心竞争力的形势下，提高区域的碳减排能力至关重要，也是区域进行低碳城市建设的必要前提条件。碳减排能力反映的是一个区域产业结构、碳排放强度、能源利用率、碳汇能力、绿化水平等。但关于区域碳减排能力，学术界并未给出权威的、统一的定义。

1954 年，萨缪尔森提出碳排放空间首先是一种公共产品，在享用上具有非排他性。即使不付费也可以使用，在消费上具有非竞争性，一个人使用并不会影响其他人使用的能力。但是，在国家碳排放总量确定的前提下，各区域的碳排放空间也将受到限制，在有限的碳排放空间下，碳减排能力强的区域将具有相对较高的低碳竞争力，而高碳排放、高污染的区域将处于被动的位置。朱四海（2010）提出解决碳减排问题需改变经济发展方式，改变我们的经济，使它摆脱碳依赖，摆脱工业化、城市化进程的高碳能源依赖，使经济发展转入既满足减排要求又不妨碍经济增长的低碳轨道，其核心是发展低碳经济。

根据张慧和王宇红（2007）、江峰和刘伟民（2009）、景普秋和张复明（2010）、瞿理铜（2011）等的研究，对区域碳减排能力进行如下内涵界定：区域碳减排能力主要是指在低碳经济理论的指导下，区域通过利用自身资源和外部环境影响，使用新能源开发、低碳技术创新、产业结构调整、转变经济发展方式等手段促进区域向低能耗、低碳排放和低污染的发展模式转变，在此过程中表现出的综合能力。

区域碳减排能力包含如下含义：①区域碳减排能力是以低碳经济理论为前提存在的，其形成需要一个长期动态的过程，是区域在建设低碳城市和发展低碳经济过程中逐步形成的能力。②区域碳减排能力与外部环境息息相关，是外部环境变化的产物。提升区域碳减排能力是区域适应目前国家政策和外部环境变化的必然趋势。经济、人才、环境、能源和产业结构等因素都会影响区域的碳减排能力。③碳减排能力是通过对区域目前拥有的经济发展能力、低碳技术能力、能源和碳排放能力等一系列要素综合作用下产生的能力的组合。

提升碳减排能力将使区域获得比其他区域更多的输出低碳产品和服务的机会，在激烈区域竞争中得到更多的发展机会。碳减排能力提升不仅仅是区域的内部问题或是简单的线性问题，而是多种因素共同作用的结果，因此，有必要对各种因素进行测度和评价，分析由哪些因素差异造成了区域碳减排能力的高低，进而提出提升碳减排能力的对策建议。

二、区域碳减排能力相关文献综述

近年来，众多学者开展了有关区域碳减排研究工作，取得的成果主要集中在以下几个方面：①区域碳减排影响因子及驱动力研究；②国家/区域碳减排政策和路径研究；③区域碳减排能力评价研究。

1. 区域碳减排影响因子及驱动力研究

碳减排是低碳经济发展的宗旨，而对碳减排影响因子的分析，是开展碳减排工作的前提。Crame（1998）、Rosa 等（2003）、Cole（2003）学者基于部门数据分析了碳排放的影响因素，分析了人口、城市化水平、能源使用效率、住房面积与碳排放之间的相关关系。徐国泉等（2006）基于碳排放量的基本等式，采用对数平均权重 Disvisia 分解法，建立了中国人均碳排放的因素分解模型，定量分析了 1995～2004 年能源结构、能源效率和经济发展等因素对中国人均碳排放的影响。宋德勇和卢忠宝（2009）采用两阶段 LMDI 模型对我国 1990～2005 年的碳排放进行了分解分析，得出其具有周期性的特征。武春友、赵奥和卢小丽（2011）运用 IPAT 方程、LMDI 分解法，对中国不可再生能源消耗压力的驱动因素进行了实证分析，针对作为主要驱动因素的不可再生能源消耗强度，运用费雪指数分解法进行二次结构、效率效应分解，并就分析结果做出具体剖析。

当然，更多的研究人员采用库兹涅茨曲线（EKC）模拟经济发展与碳排放之间的关系，认为碳排放与收入水平之间遵循倒"U"型关系、"N"型关系，并预测了中国碳排放在 2040 年达到高峰期（王中英、王礼茂，2006）。李国志和李宗植（2010）对我国 30 个省份的二氧化碳排放量进行测算，将其分为低排放、中排放、高排放三个不同区域并进行比较。同时基于 STIRPAT 模型和面板数据方法，分析了人口、经济和技术对不同区域二氧化碳排放的影响。

另外，一些学者开始注重从微观层面上即主要关注个体消费行为和家庭消费行为与碳排放间的关系进行研究。Vringer 和 Blok（1995）、Lelrzen（1998）以及 Weber 和 Petrels（2000）等国外学者基于消费行为碳排放的研究，分析了家庭能耗模式，估算了能源消耗和温室气体排放，并量化了生活方式因素的影响。柴彦威（2011）等对北京市居民家庭工作日出行碳排放进行了测算，采用分等定级和洛伦兹曲线模拟的方法，分析了家庭日常出行碳排放的个体间、社区内和社区间的差异，研究结果表明，社区内的碳排放差异指数较大，内城单位社区和胡同社区家庭普遍低碳出行。张文佳和柴彦威（2008）以家庭为研究单元，建立结构方程模型。在解读天津市民工作日的活动—移动模式的基础上，验证了基于家庭的活动分析法的理论。马静、柴彦威和刘志林（2011）基于居民日常出行行为计算了微观层面的城市交通碳排放，对居住空间、个体行为以及交通碳排放三者之间的内在关系进行了研究。朱臻、沈月琴和黄敏（2011）对杭州地区居民低碳消费行为及碳排放驱动因素进行了实证分析。基于杭州地区常住居民的调查数据，对样本居民的交通消费、生活能源消费和消费习惯三个方面进行了行为比较，测算了居民的生活性能源碳排放量，并通过构建计量模型分析了居民碳排放的影响因素。其中，居民收入水平、最近一周是否使用过一次性产品、地域因素等对居民碳排放有着显著影响。以此为基础，提出了引导居民转变传统消费模式，提升低碳消费意识等的政策依据。

2. 国家/区域碳减排政策和路径研究

1997 年各国政府签订的《京都议定书》显示了人类努力保护地球环境而做出的首次具有法律约束力、致力于限控或减排温室气体的创新性合作机制。欧盟最早于 2005 年建立了碳排放交易制度（Emission Trading Scheme，ETS），通过管制与市场双重手段解决全球气候变暖问题（饶蕾、曾骋，2008）。

美国也于 2009 年通过了旨在降低美国温室气体排放、减少美国对外国石油依赖的《美国清洁能源安全法案》，同时该法案还引入了"总量控制与排放交易"的温室气体排放权交易机制，首次限制温室气体排放量（黄勇，2009）。Dagoumas 和 Barker（2010）、Hughes 和 Strachan（2010）等从不同角度提出制定低碳政策引导人们开始低碳生活。日本学者从技术角度提出把日本建设成为低碳社会。

总量确定既要参考以往几年我国能源消费的情况，又要考虑到今后几年的增速。分解总量更要面临与地方政府的博弈。中国环境保护规划院的王金南和田仁生（2010）研究评析了我国"十一五"时期污染排放总量控制进展以及发达国家的经验，探讨了总量控制与污染控制以及环境质量改善的关系，并对国家"十二五"时期污染物排放总量控制路线图进行了分析，提出了我国应实施污染总量控制，构建"国家—行业—区域"污染总量减排体系，国家减排总量削减目标应通过行业和地区潜力的技术经济分析来确定，区域排放总量应与环境质量改善密切挂钩，行业总量控制应采用基于排放绩效的管理模式。

中国科学院生态环境研究中心的姚亮和刘晶茹（2010）利用 EIO - LCA 方法及 1997 年中国区域间投入—产出表来核算中国八大区域间产品（服务）以及隐含的碳排放在区域之间流动和转移总量。刘红光、刘卫东、唐志鹏等（2010）认为，各区域之间产品和服务的流动使得隐含在商品流中的碳排放也在区域之间转移。为了实现国家减排目标，需要在全国范围内统一布局，按照区域统筹原则发展低碳经济。刘慧、张永亮和毕军（2011）以江苏省为例，认为在地方和区域层面上实现 2020 年二氧化碳排放强度在 2005 年的基础上降低 40% ~ 50% 的目标是有可能的。张宁、陆小成和杜静（2010）认为，区域低碳创新系统需要从减少能源浪费和降低废气排放层面构建区域低碳创新系统的协同激励机制，并从技术、制度、文化等层面提出了激励低碳创新的对策。

3. 区域碳减排能力评价研究

Ramanathan（2005）应用 DEA 方法从能源、经济等四个方面分析中东和南非 17 个国家的碳减排绩效。Zaim 和 Taskin（2000）、Zofio 和 Prieto（2001）研究不同形式的环境 DEA 模型下 OECD 国家碳排放环境效率，得出环境法规的实施会给 OECD 国家带来相应的产出损失。

岳文婧等（2012）基于 IPAT 指数分解模型对世界主要国家碳减排力度进行了研究。崔金星（2012）从法律角度分析，认为构建碳减排评价法律体系至关重要。韩亚芬和孙根年（2008）选取国内 30 个省市区 1990 ~ 2005 年的面板数据，建立了经济—能源消耗的学习曲线，挖掘了"十一五"期间各省市区节能减排的潜力。

王群伟等（2010）基于环境 DEA 模型评估了我国各个省市区碳减排效率，指出产业结构、能源强度等因素对碳减排绩效有显著影响，且碳减排绩效具有收敛性。

姚奕和倪勤（2012）基于投影寻踪模型，对中国各个省市区 1996 ~ 2008 年碳减排能力进行了评价，提出我国必须大力发展低碳经济，改善以煤炭为主的能源结构，加大科技投入，提高碳减排能力。魏庆琦等（2013）量化了我国 20 年来的交通运输碳排放结构，指出交通运输结构优化具有较大碳减排潜力。王小兵、雷仲敏（2011）以东北地区为例，提出了该地区节能减排的能力测度方法及相关对策。

文献研究表明，国内外已有的研究成果存在以下局限性：大部分区域碳减排研究是从宏观的角度对碳排放量进行透析，多限于从能源结构、经济发展层面解析碳排放机理及区域间的碳排放转移，这种宏观研究虽然揭示了经济发展对碳排放的整体影响，但无法真实反映出区域间碳排放能力差异的现状。

第三节　低碳竞争力概念相关研究

近年来，关于能源消耗、经济增长和碳排放三者间关系的研究已经成为热点，其中有很多学者研究环境库兹涅茨倒"U"型曲线与二氧化碳排放变化是否相符。Richmond 和 Kaufmann（2006）通过研究发现，对于某些国家而言，这两者存在一定关系，但是对非 OCED 国家却并不适用。FanYing 等（2006）运用 STIRPAT 模型进行研究发现，在不同发展水平的国家，经济、人口和技术对碳排放的影响是不同的。Schmalesee 等（1998）、Galeotti 和 Lanza（1999）研究证实，人均收入与二氧化碳的排放量呈倒"U"型曲线。Lantz 和 Feng（2006）认为加拿大的人均收入和二氧化碳排放不相关，人口和二氧化碳排放呈倒"U"型关系，技术水平与二氧化碳排放呈线性关系。Grubb（2004）认为，在各国工业化初期阶段，人均收入增长的同时，伴随着人均碳排放的增加，而人均收入达到一定水平后，二者的关系就不明显了。

随着全球低碳研究的不断深入，学者们将聚焦点逐渐放在了低碳竞争力上，以此来反映低碳背景下国家间竞争的新趋势，这是顺应低碳发展趋势和需要的。

The Climate Institute 和 E3G 组织认为，低碳竞争力是一个国家在低碳发展的未来，为其人民创造丰富物质财富的一种能力，并且强调国家区域结构、未来繁荣等因素将会提升低碳竞争力。

Allen Tyrchniewicz 和 Heng – Chi Lee 分别研究了控制二氧化碳的排放量对加拿大国际竞争力和对美国农业国际竞争力的影响。Peters G. P. 和 E. G. Hertwich 通过研究结果，阐明了由国际贸易产品导致的碳排放与全球气候变化的关系。Annette B. 和 Isabel C. 把机遇当作视角对气候变暖进行论述，从静态和动态两方面证明了技术创新对欧盟各国低碳竞争力的影响。E3G 和 The Climate Institute 这两个机构结合低碳竞争力指标、低碳提升指标和低碳缺口指标三个指标，整体评估了国家的低碳竞争力。

尽管国内外已经有学者在研究低碳竞争力，但是却没有统一的、准确的内涵界定，因此就要求更多学者更加深入地分析研究其内涵。

从区域和国家层面来看，Lee 等认为，低碳竞争力是各经济体通过低碳技术、低碳产品和低碳服务，持续不断地创造经济价值的能力。陈思果等认为，国家的低碳竞争力是包含各个方面的能力总值，如低碳经济、低碳产业、低碳生活方式和低碳技术等，是一个全方位的概念。

徐建中等则将其归结为促进区域经济向"三低"的新模式转变，从而获得低碳技术、低碳资源和占领市场份额的综合能力。

从企业层面来看，周建成和曾敏（2010）、张超武和邓晓峰（2011）认为，在节能减排和可持续发展战略的双重指导下，低碳竞争力是企业通过战略制定、技术创新、清洁生产等方式相较竞争对手更早推出"三低"产品，进而持续获得竞争优势的能力。

高喜超和范莉莉（2013）认为，企业低碳竞争力是指通过改变生产方式和发展模式，以低碳为前提，使企业与竞争对手相比，在竞争资源上具有优势的能力。

鉴于前人的研究结果，加之笔者自己的理解，本书将经济因素从以前低碳竞争力含义研究结果中剔除，因为经济发展、物质丰富是谈论其他内容的基础，只有当经济发展到一定水平，才会考虑经济之外的因素。因此，省区低碳竞争力是在碳减排和可持续发展约束条件下，通过高技术的大力投入、能源效率的提高、碳汇能力的增强、民众生活环境的改善等，保持长期竞争优势的综合能力。

第四节　区域碳减排合作相关研究

一、《京都议定书》下国家间合作研究

《京都议定书》下国家间合作研究成果如表2-1所示。

表 2-1　《京都议定书》下国家间合作研究成果

年份	作者	主要观点
2002，2005	Ciscar、Forgó F. 等	均采用博弈模型，研究了在《京都议定书》协议下各成员国气候谈判问题
2003	Christoph Böhringer 等	基于《京都议定书》协议对欧盟各成员国碳减排分摊进行分析，研究表明不同比例削减目标下各成员国的福利成本是相同的
2005	陈文颖等	开发了"国际碳减排合作机制模拟模型"，并应用于研究第一承诺期碳市场均衡价格和中国 CDM 项目可能受益
2006	李海涛	应用枪手对决模型分析了如果在后京都时代美国参与碳减排，中国将面临的国际社会的压力
2007	蔡洁	通过对比合作模型和非合作模型，得出合作博弈是中国—东盟区域经济合作的理性选择
2010	O. Bahn、A. Haurie	将纳什均衡应用到 CWS（CLIMNEG World Simulation）模型中分析国家合作减排的最佳时机，得出在《京都议定书》协议下国家的碳减排收益出现在 2080 年，一些国家最初会损失一部分成本，需要其他国家的补贴

续表

年份	作者	主要观点
2010	余光英等	将《京都议定书》看成一种合作博弈,引入沃克机制解决各国碳减排问题
2013	Valentina Bosetti	应用博弈理论,结合 WITCH(World Induced Technical Change Hybrid)模型,对国际气候联盟的效益和稳定性进行了分析,研究表明小联盟比大联盟更具稳定性
2013	张晓旭等	提出在后京都时代,应将国际碳减排机制引入 WTO 机制,进而减少国际碳减排合作对国际贸易合作的负面影响

二、低碳城市群建设相关研究

目前对于低碳城市群尚未有权威的定义,参照低碳经济和低碳城市理论,低碳城市群内涵可以理解为在城市群建设过程中,应用低碳发展理念,通过制度创新、政策保障、技术创新、产业分工等手段,达到城市群能源低碳、产业低碳、社会管理低碳的城市群形态。关于低碳城市群的研究如表2-2所示。

表2-2　低碳城市群建设相关研究

年份	作者	主要观点
2010	黄伟、沈跃栋	指出长三角能源匮乏和发展低碳经济的必要性,并对长三角区域合作低碳发展路径进行分析
2010	张焕波、齐晔	以京津冀经济圈为例,对中国发展低碳经济的战略进行了思考,认为不同的地区、不同的发展阶段,低碳经济发展的内容应该有所不同;京津冀都市圈,依托已经建立的各种合作协议,可以就低碳经济发展形成低碳城市联盟;要从技术、人才和市场等方面逐渐培养区域低碳核心竞争力

年份	作者	主要观点
2010	陆小成、骆慧菊	对两型社会建设中的长株潭低碳城市群发展对策进行了研究，从加强低碳技术创新、低碳产业布局、低碳能源开发与利用、低碳消费与营销等角度提出了对策
2011	瞿理铜	细致研究了长株潭地区低碳发展，提出低碳城市群的概念和发展对策，认为在低碳发展理念的措施下，以长株潭低碳城市群建设规划为引导，以科技创新为动力，通过区域协同、产业分工、技术研发、碳汇建设实现城市群发展的低能耗、低污染和低排放
2011	于敏捷	只有长三角各地方政府在形成低碳减排联盟的基础上加大各自监管力度，才能在破解非合作无效率状态的基础上实现效用最大化
2011	冯占民	提出建设武汉低碳城市圈的对策建议：设立碳交易所，实施低碳技术创新战略，健全武汉城市圈的低碳合作机制，强化武汉"低碳极核"作用等
2013	李丽	构建了京津冀低碳物流体系，采用模糊物元法对2004～2010年京津冀数据进行实证分析，研究表明京津冀低碳物流能力呈逐年提高趋势

综上所述，关于区域碳减排的研究，可借鉴的有关于《京都议定书》下各国低碳发展博弈分析和低碳城市群建设研究，但是大部分的文献都是从宏观角度论述的，选择的合作角度也比较简单，如何建立有效区域合作碳减排机制、分析区域碳减排能力差异是本书上篇着重探讨的问题。

第三章 京津冀区域低碳经济发展现状分析

第一节 京津冀经济发展现状分析

一、京津冀总体经济发展概况

"京津冀"一般泛指北京市、天津市、河北省——两市一省。地域面积 21.64 万平方公里，2012 年总人口为 10770 万，人口密度为 6426 人/平方公里。包括北京市、天津市、石家庄市、唐山市等 13 个城市。表 3-1 是京津冀区域 2012 年的主要经济指标。由表 3-1 可知，2012 年京津冀地区生产总值为 59348.99 亿元，占全国生产总值的 11%。从京津冀产业结构来看，北京市的第三产业占北京市地区生产总值的 76%，可见目前北京市第三产业占主导地位；天津市第二产业和第三产业的比例基本持平，分别为 52% 和 46%，天津市目前处于工业化进程的中期；河北省的第二产业比例为 52%，第三产业为 34%，可见河北省目前仍处于工业化进程的初期，主要依靠第二产业带动河北省经济发展。

表3-1　2012年京津冀地区主要经济指标

地区	地区生产总值（亿元）	第一产业（亿元）	第二产业（亿元）	第三产业（亿元）
北京市	19879.40	150.20	4059.27	13669.93
天津市	12893.88	171.60	6663.82	6058.46
河北省	26575.71	3186.66	14003.57	9384.78
京津冀	59348.99	3508.46	24726.66	29113.17
全国	518942.1	52373.6	235162.0	231406.5

资料来源：《中国统计年鉴》（2013）。

二、京津冀经济与产业发展现状

如表3-2、表3-3、表3-4、图3-1、图3-2、图3-3所示，从产业结构上看，就第一产业来讲，北京市已经进入了"三二一"的产业结构模式，天津市目前处于"二三一"产业结构模式，京津两地的第一产业比例在逐渐下降，可依赖河北省为其提供农产品供应，近年来，河北省依赖其便利的交通条件，在京津农产品市场占据了主导地位。就第二产业来讲，北京市的第二产业比重从2004年开始逐年下降，天津市的第二产业比重2002年最低，整体上存在波动性，河北省第二产业比重整体上没有下降。说明京津已基本告别第二产业主导局面，而河北省依然以第二产业为主要经济增长点。就第三产业来讲，北京市第三产业比例从2001年的67%上升到了2010年的75.1%，第三产业占据绝对主导地位，天津市第三产业比例从2001年的45.9%上升到了2010年的46%，与第二产业所占比值相近，而河北省第三产业比例从2001年的34.6%上升到2010年的34.93%，增长幅度很小，和京津相比其第三产业竞争力较弱。由于第三产业可以缓解农村人口就业压力，相应地，河北省的就业压力较大，农村人口就业保障有待加强。

表3-2　2001~2010年北京市GDP和三次产业所占比值

年份	GDP（亿元）	第一产业（%）	第二产业（%）	第三产业（%）
2001	3710.52	2.2	30.8	67.0

京津冀区域碳减排能力测度与合作路径研究

续表

年份	GDP（亿元）	第一产业（%）	第二产业（%）	第三产业（%）
2002	4330.4	1.9	29.0	69.1
2003	5023.77	1.7	29.7	68.6
2004	6060.28	1.4	30.8	67.8
2005	6886.31	1.3	29.1	60.6
2006	7870.28	1.1	27.0	71.9
2007	9846.81	1.0	25.5	73.5
2008	11115	1.0	23.6	75.4
2009	12153.03	1.0	23.5	75.5
2010	14113.58	0.9	24.0	75.1

表3-3 2001~2010年天津市GDP和三次产业所占比值

年份	GDP（亿元）	第一产业（%）	第二产业（%）	第三产业（%）
2001	1919.09	4.1	50.0	45.9
2002	2150.76	3.9	49.7	46.4
2003	2578.03	3.5	51.9	44.6
2004	3110.97	3.4	54.2	42.4
2005	3697.62	2.9	54.6	42.5
2006	4359.15	2.3	55.1	42.6
2007	5252.76	2.1	55.1	42.8
2008	6719.01	1.8	55.2	43.0
2009	7521.85	1.7	53.0	45.3
2010	9224.46	1.6	52.4	46.0

表3-4 2001~2010年河北省GDP和三次产业所占比值

年份	GDP（亿元）	第一产业（%）	第二产业（%）	第三产业（%）
2001	5516.76	16.6	48.9	34.6
2002	6018.28	15.9	48.4	35.7
2003	6921.29	15.4	49.4	35.3
2004	8477.63	15.7	50.7	33.5

续表

年份	GDP（亿元）	第一产业（%）	第二产业（%）	第三产业（%）
2005	10096.11	14.0	52.7	33.4
2006	10096.11	12.7	53.3	34.0
2007	13607.32	13.3	52.9	33.8
2008	16011.97	12.7	34.3	33.0
2009	17235.48	12.8	52.0	35.2
2010	20394.26	12.6	52.5	34.9

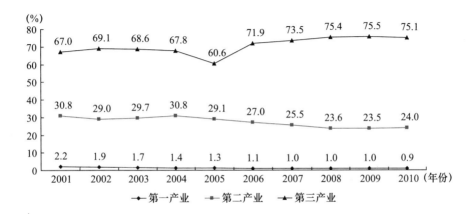

图 3-1　2001~2010 年北京市三次产业所占比例

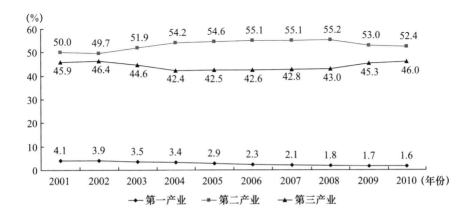

图 3-2　2001~2010 年天津市三次产业所占比例

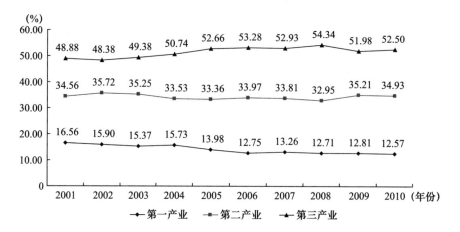

图 3 - 3　2001～2010 年河北省三次产业所占比例

第二节　京津冀碳排放特征分析

一、碳排放量测度模型

目前，我国的碳排放量数据大部分是基于能源消费量和能源碳排放系数进行估算的。例如，徐国泉等（2006）、张雷等（2010）、胡初枝等（2008）基于一次能源消费总量和一次能源碳排放系数对碳排放量进行了估算。

根据中国能源消费情况和数据的可获取性，本书所指的碳排放量主要是一次能源中化石能源（原煤、原油和天然气）排放的二氧化碳数量。本书碳排放量采用式（3 -1）进行估算：

$$C = \sum_i E_i \times S_i \times F_i \qquad\qquad (3-1)$$

其中，C 为碳排放总量；E_i 为第 i 类化石能源的消费量；S_i 为第 i 类化石能源对标准煤的折算系数；F_i 为第 i 类化石能源的碳排放系数。

化石能源消费数据来源于《中国能源统计年鉴》。化石能源对标准煤的折算系数采用《中国能源统计年鉴》（2011）规定的数值，即1千克原煤折算为0.7143千克标准煤、1千克原油折算为1.4286千克标准煤、1立方米天然气折算为1.3330千克标准煤。碳排放系数目前各国采用不同的标准（见表3-5），基于中国国情，本书选取国家发展和改革委员会能源研究所的数据。

表3-5 类能源碳排放系数

指标 数据来源	煤炭（1千克碳/ 千克标准煤）	石油（1千克碳/ 千克标准煤）	天然气（1千克碳/ 千克标准煤）
美国能源部	0.702	0.478	0.389
日本能源经济研究所	0.756	0.586	0.449
国家发展和改革委员会能源研究所	0.7476	0.5825	0.4435

资料来源：汪刚，冯宵. 基于能量集成的 CO_2 减排量的确定［J］. 化工进展，2006（25）：1467-1470.

本书选择2001~2010年为样本时间序列，对京津冀碳排放量进行测算。碳排放量估算所需化石能源数据来源于《中国能源统计年鉴》（2001~2011）中的地区能源平衡表，利用式（3-1），可计算出京津冀2001~2010年的碳排放量（见表3-6），京津冀碳排放量对比如图3-4所示。

表3-6 2001~2010年京津冀碳排放量

年份	北京（万吨）	天津（万吨）	河北（万吨）
2001	1694.25	1779.18	7137.21
2002	1836.78	1941.29	7859.26
2003	1882.20	2008.62	8890.05
2004	2128.39	2320.61	9892.22
2005	2246.11	2528.22	11239.82
2006	2340.71	2538.69	11392.42
2007	2531.06	2687.63	12988.91
2008	2623.85	2603.45	13361.11
2009	2625.85	2750.89	14127.54
2010	2328.90	3301.12	15165.59

由图 3 - 4 可知, 2001 ~ 2010 年河北省的碳排放量增势明显, 目前河北省还是以工业为主, 再加上京津部分高能耗、高排放的工业转移, 河北省承接了京津的碳排放量。北京市的碳排放量这些年一直比较稳定, 2010 年有下降趋势, 目前北京市已经以发展第三产业为主, 从图 3 - 4 可以看出北京的碳排放量还会继续下降。天津市的碳排放量和北京市很相近, 增幅不大, 2010 年达到最高, 天津市的碳减排潜力很大。

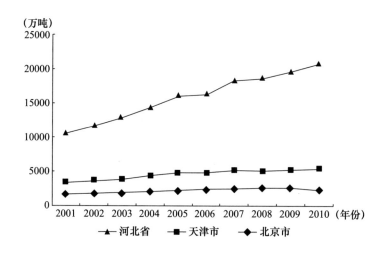

图 3 - 4　2001 ~ 2010 年京津冀碳排放量对比

二、碳排放强度

　　碳排放强度等于单位 GDP 排放的二氧化碳排放量, 碳排放强度受多种因素的制约, 如能源的碳排放系数、能源消耗量、能源强度等, 此外, 产业结构、技术水平也会影响碳排放强度的大小。总体来讲, 随着经济的发展和技术的进步, 碳排放强度逐年降低, 但是也有些年份出现波动。根据碳排放强度 = 碳排放量/国内生产总值, 可得京津冀 2001 ~ 2010 年的碳排放强度, 如表 3 - 7 所示。

表 3 - 7 2001～2010 年京津冀碳排放强度

年份	北京（吨/万元）	天津（吨/万元）	河北（吨/万元）
2001	0.46	0.93	1.29
2002	0.42	0.90	1.31
2003	0.37	0.78	1.28
2004	0.35	0.75	1.17
2005	0.33	0.68	1.11
2006	0.30	0.58	1.13
2007	0.26	0.51	0.95
2008	0.24	0.39	0.83
2009	0.22	0.37	0.82
2010	0.17	0.36	0.74

由图 3 - 5 可知，京津冀三地的碳排放强度都呈下降趋势，北京市的年均下降率为 2.9%，天津市的年均下降率为 5.7%，河北省的年均下降率为 5.5%。从年均下降率来看，北京市下降的幅度不大，但是因为北京市自身碳排放强度比较低，2001 年北京市的碳排放强度只有 0.46 吨/万元，仅为天津市的 50%、河北省的 35%。这说明北京市的低碳经济和绿色 GDP 发展较好，而天津市次之，河北省的低碳经济发展还有很大的提升空间。

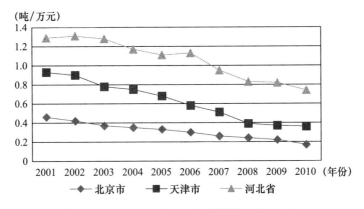

图 3 - 5 2001～2010 年京津冀碳排放强度对比

三、经济发展与碳排放关系

2001~2010 年京津冀 GDP、碳排放量和碳排放强度的值如表 3 - 8、表 3 - 9、表 3 - 10 所示。

表 3 - 8　2001~2010 年北京市 GDP 总量及二氧化碳排放总量

年份	GDP 总量（亿元）	人口总量（万人）	人均 GDP（万元/人）	碳排放强度（吨/万元）	二氧化碳排放总量（万吨）
2001	3708.0	1385.1	2.69	1.14	1694.25
2002	4315.0	1423.2	3.07	1.03	1836.78
2003	5007.2	1456.4	3.48	0.93	1882.2
2004	6033.2	1492.7	4.09	0.85	2128.39
2005	6969.5	1538.0	4.60	0.79	2246.11
2006	8117.8	1601.0	5.17	0.73	2340.71
2007	9846.8	1676.0	6.01	0.64	2531.06
2008	11115.0	1771.0	6.45	0.57	2623.85
2009	12153.0	1860.0	6.69	0.54	2625.85
2010	14113.6	1961.9	7.39	0.49	2328.9

表 3 - 9　2001~2010 年天津市 GDP 总量及二氧化碳排放总量

年份	GDP 总量（亿元）	人口总量（万人）	人均 GDP（万元/人）	碳排放强度（吨/万元）	二氧化碳排放总量（万吨）
2001	1919.09	1004.06	1.91	0.93	1779.18
2002	2150.76	1007.18	2.14	0.90	1941.29
2003	2578.03	1011.30	2.55	0.78	2008.62
2004	3110.97	1023.67	3.06	0.75	2320.61
2005	3905.64	1043.00	3.78	0.68	2528.22
2006	4462.74	1075.00	4.21	0.58	2538.69
2007	5252.76	1115.00	4.80	0.51	2687.63
2008	6719.01	1176.00	5.87	0.39	2603.45
2009	7521.85	1228.16	6.25	0.37	2750.89
2010	9224.46	1299.29	7.30	0.36	3301.12

表 3 – 10　2001～2010 年河北省 GDP 总量及二氧化碳排放总量

年份	GDP 总量（亿元）	人口总量（万人）	人均 GDP（万元/人）	碳排放强度（吨/万元）	二氧化碳排放总量（万吨）
2001	5516.76	6699	0.82	1.29	7137.21
2002	6018.28	6735	0.89	1.31	7859.26
2003	6921.29	6769	1.02	1.28	8890.05
2004	8477.63	6809	1.25	1.17	9892.22
2005	10096.11	6851	1.47	1.11	11239.82
2006	10096.11	6898	1.46	1.13	11392.42
2007	13607.32	6943	1.96	0.95	12988.91
2008	16011.97	6989	2.29	0.83	13361.11
2009	17235.48	7034	2.45	0.82	14127.54
2010	20394.26	7194	2.83	0.74	15165.59

根据表 3 – 8、表 3 – 9、表 3 – 10 中数据可以得到 2001～2010 年京津冀 GDP 总量、碳排放总量和碳排放强度之间的关系，如图 3 – 6、图 3 – 7、图 3 – 8 所示，可以看出，2001～2010 年北京市 GDP 持续增长，碳排放总量增幅不大，碳排放强度持续下降；天津市 GDP 和碳排放总量略有起伏，碳排放强度由 2001 年的 0.93 吨/万元降到了 2010 年的 0.36 吨/万元；河北省 2005 年和 2006 年 GDP 总量和碳排放总量相当，而 2007～2010 年碳排放量趋于稳定，略有上升，碳排放强度由 2001 年的 1.29 吨/万元下降到了 2010 年的 0.74 吨/万元。

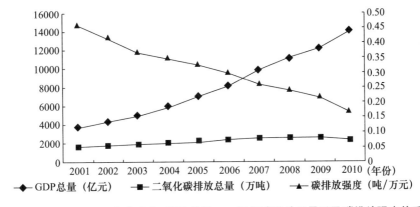

图 3 – 6　2001～2010 年北京市 GDP 总量、二氧化碳排放总量以及碳排放强度关系

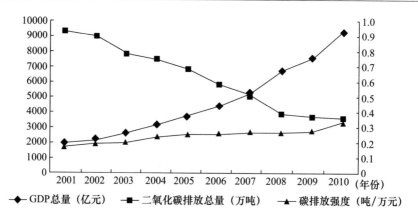

图 3-7　2001~2010 年天津市 GDP 总量、二氧化碳排放总量以及碳排放强度关系

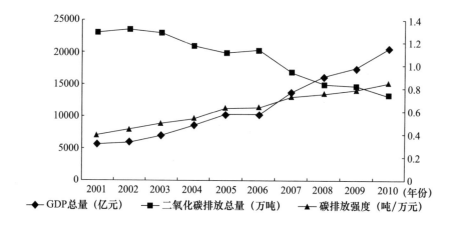

图 3-8　2001~2010 年河北省 GDP 总量、二氧化碳排放总量以及碳排放强度关系

第三节　京津冀能源消费现状分析

一、京津冀能源消费总量与增速

2010 年，北京市能源消费总量为 6594 万吨标准煤，比 2009 年增长了

0.36%。2010 年，天津市能源消费总量为 6818 万吨标准煤，比 2009 年增长了 16.07%。2010 年，河北省能源消费总量为 27531 万吨标准煤，比 2009 年增长了 8.31%。2001～2010 年京津冀能源消费总量与增速如图 3-9、图 3-10、图 3-11 所示。

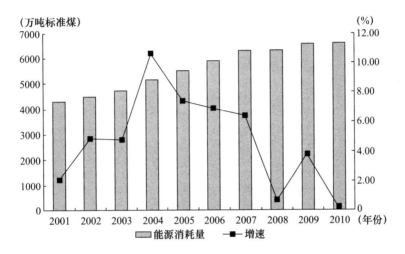

图 3-9　2001～2010 年北京市能源消耗与增速

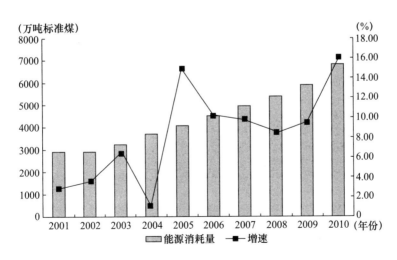

图 3-10　2001～2010 年天津市能源消耗与增速

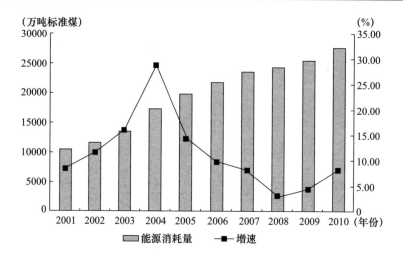

图 3-11　2001~2010 年河北省能源消耗与增速

二、京津冀分品种能源消费情况

京津冀的能源消耗依然以煤炭为主，但是北京市、天津市、河北省三地情况也存在差异。通过查询历年《中国能源统计年鉴》，可以得到 2001~2010 年京津冀区域能源消耗情况。为了方便比较，根据《中国能源统计年鉴》（2010）附录四给出的各种能源折算标煤系数，计算出煤炭、原油、焦炭、燃料油、汽油、煤油、柴油、天然气、电力这九种能源的消耗量，如表 3-11、表 3-12、表 3-13 所示。

表 3-11　2001~2010 年北京市能源消耗情况（标准量）

年份	煤炭（万吨标准煤）	焦炭（万吨标准煤）	原油（万吨标准煤）	燃料油（万吨标准煤）	汽油（万吨标准煤）	煤油（万吨标准煤）	柴油（万吨标准煤）	天然气（万吨标准煤）	电力（万吨标准煤）
2001	1910.75	417.33	1000.73	111.99	204.07	190.18	150.84	222.64	489.51
2002	1807.89	367.19	1068.59	101.43	223.65	213.35	158.82	279.30	535.84
2003	1910.05	425.72	1038.14	94.43	243.10	202.96	160.88	281.83	566.86

续表

年份	煤炭 （万吨 标准煤）	焦炭 （万吨 标准煤）	原油 （万吨 标准煤）	燃料油 （万吨 标准煤）	汽油 （万吨 标准煤）	煤油 （万吨 标准煤）	柴油 （万吨 标准煤）	天然气 （万吨 标准煤）	电力 （万吨 标准煤）
2004	2099.62	442.70	1156.24	95.66	291.91	269.00	192.24	359.37	626.93
2005	2192.17	386.03	1142.31	94.12	346.12	278.62	205.25	426.13	696.89
2006	2182.67	338.65	1137.34	68.64	409.28	344.10	258.62	540.65	760.74
2007	2131.95	347.95	1358.47	61.22	477.79	407.72	279.79	620.31	829.69
2008	1962.70	226.21	1595.40	36.60	501.63	468.48	331.09	806.65	870.32
2009	1903.61	205.91	1661.36	60.57	535.02	503.12	349.97	923.02	932.63
2010	1882.18	214.09	1594.73	95.27	547.36	577.72	345.33	994.71	1021.30

资料来源：根据《中国能源统计年鉴》（2001～2010）计算得到。

表 3-12 2001～2010 年天津市能源消耗情况（标准量）

年份	煤炭 （万吨 标准煤）	焦炭 （万吨 标准煤）	原油 （万吨 标准煤）	燃料油 （万吨 标准煤）	汽油 （万吨 标准煤）	煤油 （万吨 标准煤）	柴油 （万吨 标准煤）	天然气 （万吨 标准煤）	电力 （万吨 标准煤）
2001	1882.18	125.09	1070.52	124.95	171.08	16.80	267.26	104.94	307.83
2002	2092.18	145.21	965.13	127.12	139.43	23.00	267.83	86.18	345.35
2003	2289.57	139.06	1072.81	162.12	156.59	27.38	282.37	96.56	384.68
2004	2506.17	318.66	1123.69	162.72	174.67	22.10	329.35	113.72	431.34
2005	2715.38	320.32	1233.08	160.99	180.91	22.25	321.70	120.33	487.09
2006	2720.99	525.62	1286.44	153.03	188.47	24.07	342.97	149.23	547.80
2007	2804.84	648.65	1357.37	128.05	205.33	28.52	372.77	189.79	627.63
2008	2837.75	698.66	1129.07	132.13	218.89	26.68	422.21	223.97	657.83
2009	2942.92	843.81	1206.65	135.22	266.37	30.50	442.33	240.99	709.03
2010	3433.64	644.91	2238.32	205.28	301.64	31.49	486.67	304.97	829.58

资料来源：根据《中国能源统计年鉴》（2001～2010）计算得到。

表3-13　2001~2010年河北省能源消耗情况（标准量）

年份	煤炭（万吨标准煤）	焦炭（万吨标准煤）	原油（万吨标准煤）	燃料油（万吨标准煤）	汽油（万吨标准煤）	煤油（万吨标准煤）	柴油（万吨标准煤）	天然气（万吨标准煤）	电力（万吨标准煤）
2001	9029.47	1321.07	957.95	79.10	208.72	4.41	244.91	92.70	1068.68
2002	9813.77	1756.31	996.58	87.26	216.90	4.16	247.01	102.94	1186.08
2003	10608.36	2516.91	1193.15	89.54	231.01	3.99	253.27	110.12	1350.66
2004	12195.93	3150.70	1342.01	79.37	249.93	4.58	306.75	129.41	1587.14
2005	14673.63	4452.07	1433.30	86.83	326.52	4.72	647.59	121.56	1845.87
2006	15257.32	5304.38	1495.30	84.76	388.13	8.65	705.80	146.43	2132.11
2007	17629.64	4980.69	1606.85	69.02	366.43	9.15	776.26	160.27	2474.81
2008	17442.22	5830.87	1939.51	94.03	310.63	10.85	774.78	228.36	2574.78
2009	18940.38	6031.26	1970.21	85.37	312.03	9.19	767.38	307.36	2880.99
2010	19618.25	7109.68	1995.25	55.04	351.66	10.80	1008.31	391.95	3308.47

资料来源：根据《中国能源统计年鉴》（2011~2010）计算得到。

由图3-12~图3-14和表3-11~表3-13可知，京津冀三地能源消耗量所占比例远远高于其他能源，2001~2010年，京津冀煤炭总量基本保持稳定，电力、原油、天然气等能源呈不断上升趋势。北京市煤炭消耗量从2008年开始下降，这也和2008年北京奥运会举办有关，当时的口号是"绿色奥运"，借此契

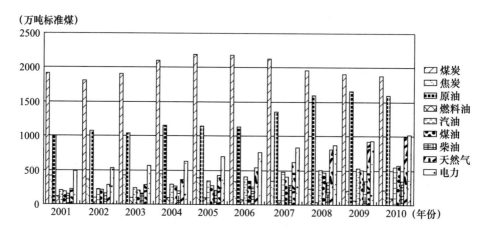

图3-12　2001~2010年北京市能源消耗情况

机北京市的节能减排工作开展顺利。天津市 2010 年煤炭消耗量达到了 3433.64
万吨标准煤，比 2009 年增长了 16.7%，可见天津市煤炭消耗增速较快，需要进
一步加强节能减排工作。河北省煤炭消耗量在 2008 年以后，上升趋势平缓，河
北省能源消耗的基数大，与京津两地相比，其节能减排工作难度更大。

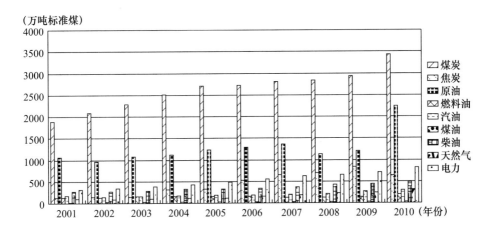

图 3 - 13　2001 ~ 2010 年天津市能源消耗情况

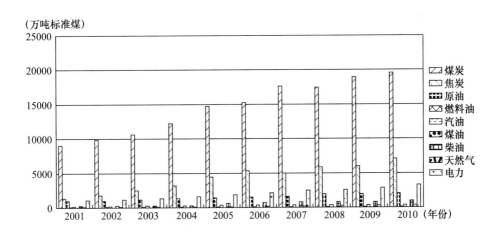

图 3 - 14　2001 ~ 2010 年河北省能源消耗情况

第四节 京津冀区域合作现状

近三十年来，伴随着我国由计划经济向市场经济的转型发展，京津冀合作治理也经历了一个启动—徘徊—复兴的历程，概括起来分为三个阶段：①20 世纪 80 年代京津冀合作的初始阶段；②20 世纪 90 年代的停滞阶段；③21 世纪以来的复兴阶段。分别如表 3 - 14、表 3 - 15、表 3 - 16 所示。

一、20 世纪 80 年代京津冀合作的初始阶段

表 3 - 14 京津冀合作的初始阶段

时间	事件	效果
1981 ~ 1982 年	成立全国最早的区域协作组织——华北地区经济技术合作协会	通过政府间高层会商，解决地区间的物资调剂，指导企业开展横向经济联合，首次正式提出"首都圈"的概念
1981 ~ 1984 年	在国家计划委员会的组织下，有关部门联合进行了京津冀国土规划纲要研究	确定京津唐地区的地域范围包括北京市、天津市、河北省的唐山市、唐山地区（内含秦皇岛）和廊坊地区
1986 年	设立了环渤海地区经济联合市长联席会	被认为是京津冀地区最正式的区域合作机制
1987 年	成立了环渤海经济研究会	完成涵盖辽东半岛、山东半岛和京津冀地区的环渤海经济区经济发展规划纲要的编制
1988 年	北京与河北环京地区的保定、廊坊、唐山、秦皇岛、张家口、承德六地市组建了环京经济协作区	建立了市长、专员联席会议制度，设立日常工作机构，建立了信息网络、科技网络、供销社联合会等行业协会组织

二、20 世纪 90 年代的停滞阶段

表 3 – 15　20 世纪 90 年代的停滞阶段

时间	事件
1990 年	环华北地区经济技术合作协会由于合作区域范围过大、地区间经济关联度低以及没有日常工作机构等缺陷而失去凝聚力，1990 年举行第七次会议后销声匿迹
1992～1994 年	环京经济协作区在 1992 年以后，由于多种因素的影响，其作用不断削弱，加上政府机构改革对经济协作部门的反复冲击，1994 年以后名存实亡
1991～1995 年	由京津冀两市一省的城市科学研究会发起召开了五次京津冀城市发展协调研讨会。1994 年 8 月由研讨会提交的《建议组织编制京津冀区域建设发展规划》的报告获得国务院批准，并由国家计划委员会牵头，会同建设部和各地区组织编制。河北省提出加速自身发展的"两环开放带动"战略
1996 年 3 月	《中华人民共和国国民经济和社会发展"九五"计划和 2010 年远景目标规划纲要》提出，我国要"按照市场经济规律和内在联系以及地理自然特点，突破行政区划界限，在已有经济布局的基础上，以中心城市和交通要道为依托，逐步形成 7 个跨省（区、市）的经济区域"。其中一个就是环渤海地区
1996 年	北京市组织编写《北京市经济发展战略研究报告》提出"首都经济圈"概念，强调发展周边就是发展自己的理念

三、21 世纪以来的复兴阶段

表 3 – 16　21 世纪以来的复兴阶段

时间	合作事件	效果
2003 年 9 月	第一次京津塘科技新干线论坛召开	达成了一系列高新技术产业战略合作协议
2003 年 2 月	国家发改委召集京津冀发改委在河北省廊坊市召开京津冀区域经济发展战略研讨会	达成了"廊坊共识"，构建区域统一市场体系，扩大相互开放，创造平等有序的竞争环境，推动生产要素自由流动，促进产业合理分工

续表

时间	合作事件	效果
2004 年 5 月	京津冀都市圈发展研讨会	三方达成共识，决定于年底前召开省市长联席会议，并提出"3+2"首都经济圈构想
2004 年 5 月	京津签署科技合作协议	携手打造以京津为核心的区域创新体系
2004 年 7 月	京津冀三省市信息化工作研讨会在河北省北戴河召开	会议建立京津冀信息化工作联席会议制度，定期交流工作和沟通信息，协调推进区域合作
2004 年 11 月	国家发改委在唐山召开京津冀区域规划工作座谈会	正式启动京津冀都市圈区域规划的编制工作
2005 年 6 月	第一届京津冀人才开发一体化研讨会在廊坊召开	决定建立京津冀人才开发一体化联席会议制度，签署了《京津冀人才开发一体化合作协议》
2005 年 9 月	科技部组织京津冀科委开展"十一五"国家重点科技项目	李国平等主持了《"十一五"京津冀区域科技发展规划研究与制定》课题
2006 年 10 月	北京市与河北省在京召开经济与社会发展合作座谈会	正式签署《北京市人民政府、河北省人民政府关于加强经济与社会发展合作备忘录》。双方就多个方面展开合作
2006 年	建设部和北京市、天津市、河北省的规划部门开始启动编制京津冀城市群规划	统筹安排区域城镇空间布局。规划内容重点涉及区域交通、环境、资源等问题
2007 年 2 月	京津冀 13 市联合发布商业发展报告	打破行政区域界限，提出商业合作发展思路
2007 年 5 月	京津冀旅游合作会议在天津召开	三地旅游部门共同签署《京、津、冀旅游合作协议》，建立京津冀区域旅游协作会议制度
2008 年 2 月	天津市发改委倡议和发起，召开第一次京津冀发改委区域工作联席会	签署了《北京市天津市河北省发改委建立"促进京津冀都市圈发展协调沟通机制"的意见》
2008 年 12 月	北京市政府与河北省政府召开深化经济社会发展座谈会	签署《北京市人民政府河北省人民政府关于进一步深化经济社会发展合作的会谈纪要》和《天津市人民政府河北省人民政府关于加强经济与社会发展合作备忘录》，标志着京津冀合作的思路和目标更加清晰和明确

资料来源：李国平，陈红霞. 协调发展与区域治理 [M]. 北京：北京大学出版社，2012：201 - 205.

由表 3–14、表 3–15、表 3–16 可以看出，近 30 年来，京津冀区域合作涉及多个领域和多个层面，但是区域之间的合作多局限在磋商和"对话性合作"阶段，京津冀三地政府各职能部门在协调过程中还存在障碍，针对京津冀碳减排合作治理，必须发挥三地政府部门作用，通过订立协议、合作框架等方式，运用制度资源、组织载体和相关运行机制，建立京津冀合作碳减排联盟，保障京津冀合作碳减排的顺利开展。

第四章　京津冀区域碳减排
能力测度与分析

第一节　京津冀碳减排能力指标体系构建

在借鉴前人研究成果的基础上，对指标进行初选，按照可行性、对比性和可持续调整等原则选取变量，确定初始指标体系，更进一步，为降低选取的评价指标之间的相关性，对初始指标体系进行归纳和筛选，从而得到最后的指标体系，建立指标体系的流程，如图 4-1 所示。

一、指标体系选取原则和目的

1. 指标选取原则

（1）科学性原则。要科学合理地选择表征碳减排能力的指标，力求简洁、相关性强，能客观反映区域碳减排工作的开展情况和减排能力，做到每个指标清晰而明确，保证指标的真实性和客观性。

（2）可行性原则。由于区域碳减排能力涉及的方面比较繁杂，考虑环境的动态性和碳减排系统的稳定性问题，在进行指标选取的过程中必须综合考虑指标的

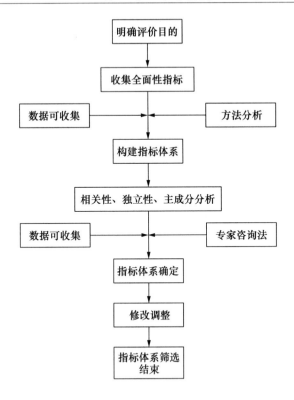

图 4 - 1 指标体系建立步骤

可行性、适用性和可操作性，为评价的实施提供保障。

（3）对比性原则。指标的选取是为了体现区域联盟中各成员的差异性和对比性，是体现各区域协同碳减排的依据，因此指标必须有区域碳排放水平、经济发展水平、碳汇能力的可比性，从而确保指标的内涵能很好地反映区域间合作的重点，依据指标情况加强各区域合作。

（4）可持续调整原则。区域碳减排能力综合评价体现了低碳背景下区域之间的碳减排能力差异，重点体现区域低碳发展和可获利原则，通过构建综合评价指标的确立，促进区域达成碳减排联盟，提高区域竞争力，实现区域碳平衡。

2. 指标评价的目的

区域碳减排系统协同效度评价就是从区域碳减排能力差异角度探讨区域协同

碳减排的实用性，评价所要达到的目的如下：

（1）在区域经济情况、能源结构、产业布局等方面对碳排放的影响进行评价。通过有关区域经济、能源和产业布局、碳汇能源等综合评价指标来反映区域之间在各个阶段碳减排能力的差异，判断和测度区域低碳发展水平，为后文的综合评价提供有效的数据依据。

（2）为区域合作碳减排路径选择提供决策依据。通过对区域碳减排能力发展水平的综合评价，可以掌握区域各阶段碳排放现状以及对区域低碳发展的不利因素，为优化区域碳减排系统和合作碳减排提供有效依据。

二、碳减排能力指标确定

碳减排能力指标反映的是碳减排能力的大小。本章在借鉴前人研究成果的基础上，认为区域碳减排能力的主要影响因素有经济、人口、能源、环境、对外开放程度、社会、交通、科技等，根据笔者自己理解的区域碳减排能力的内涵，将区域碳减排能力分为 5 个一级能力指标和 16 个二级能力指标。其中，经济发展能力包括 4 个指标：人均 GDP、城市居民平均可支配收入、农村居民家庭人均纯收入、区域 GDP 占全国比重；能源消耗与碳排放能力包括 5 个指标：能源强度、碳排放强度、能源足迹、碳足迹、煤炭消费占能源消费比重；碳转移能力包括 2 个指标：FDI 占 GDP 比重和进出口贸易额占 GDP 比重；技术与碳汇能力包括 3 个指标：区域技术市场成交额、区域（R&D）经费投入强度、城市绿化覆盖率；产业发展能力包括 2 个指标：第三产业对 GDP 增长的拉动和工业贡献率。如图 4－2所示。

1. 经济发展能力指标

（1）人均 GDP：人均 GDP 是指该地区生产总值与总人口的比值。

（2）城市居民平均可支配收入：城市居民平均可支配收入是指反映居民家庭全部现金收入能用于安排家庭日常生活的那部分收入。

（3）区域 GDP 占全国比重：区域 GDP 占全国比重是指区域 GDP 与全国 GDP 的比值。

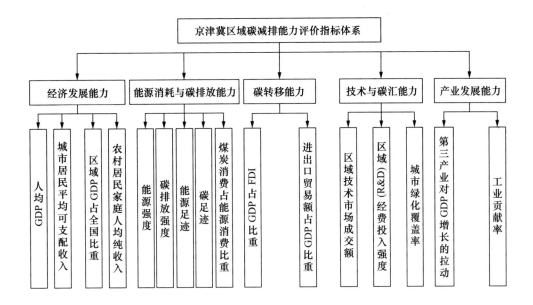

图 4-2 京津冀区域碳减排能力评价指标体系

（4）农村居民家庭人均纯收入：农村居民家庭人均纯收入是指农村居民当年从各个来源渠道得到的总收入，相应地扣除获得收入所发生的费用后的收入总和。

这些经济指标反映了区域经济发展状况和人民生活质量，比值越大，表明该地区的经济发展能力越强，城市居民和农村居民的生活水平越高。参考环境库兹涅茨曲线，随着人民生活水平的提高，碳排放量会增加，但是发展到某个临界点之后，人们会意识到碳减排的重要性，碳排放强度会逐渐降低。因此，经济发展能力越强，对碳减排越有积极作用。

2. 能源消耗与碳排放能力指标

（1）能源强度：能源强度是指单位 GDP 能耗，体现了能源利用的经济效益。

（2）碳排放强度：碳排放强度是指单位 GDP 二氧化碳排放量，主要衡量经济和二氧化碳排放关系。

（3）能源足迹：能源足迹反映区域内人均消耗能源量。

（4）碳足迹：碳足迹反映区域内人均碳排放量。

（5）煤炭消耗占能源消费比重：煤炭消耗占能源消费比重反映区域煤炭消费能力在能源消费中的比值。

这些指标反映的是区域内能源效率的情况、区域碳排放控制能力，比值越大，表明该地区的能源消耗和碳排放效率越低。

3. 碳转移能力指标

（1）FDI 占 GDP 比重：FDI 占 GDP 比重是指外商直接投资额占 GDP 的比值。

（2）进出口贸易额占 GDP 比重：进出口贸易额占 GDP 比重是指区域商品和劳务贸易活动收益占 GDP 比值。

这两个指标反映了区域对外经济、金融和科技等方面的紧密程度，一方面，我们国家区域主要承担国外"代工厂"角色，国际"转移性碳排放"也要考虑；另一方面，引进国外先进技术，科技创新也是提高能源利用率的手段，技术引进也是技术创新的主要手段。

因此，这两个指标不仅反映了区域对外开放的程度，也反映了区域碳减排能力的大小，比值越大，碳转移能力越强。

4. 技术与碳汇能力指标

（1）区域技术市场成交额：区域技术市场成交额反映了区域技术上资金投入的情况。

（2）区域（R&D）经费投入强度：区域（R&D）经费投入强度反映了区域支持科技创新的力度。

（3）城市绿化覆盖率：城市绿化覆盖率是指城市各类型绿地（公共绿地、街道绿地、庭院绿地、专用绿地等）合计面积占城市总面积的比率。

这三个指标反映了区域在技术和科技上的资金投入强度，其所占比重越大，区域碳减排能力越强。本书提到的碳汇主要是森林碳汇和绿地碳汇，区域碳汇能力越强代表区域的碳减排能力越强。

5. 产业发展能力指标

(1) 第三产业对 GDP 增长的拉动：第三产业对 GDP 增长的拉动是指第三产业在 GDP 增长中所占的比重。

(2) 工业贡献率：工业贡献率是指工业占 GDP 增长的比重。

第一个指标反映了区域第三产业发展水平，区域的第三产业占主导则区域减排能力强，第二个指标越强表明区域对工业的依赖程度越强，其还需要继续调整产业结构，相应碳减排能力弱。具体指标属性如表 4-1 所示。

表 4-1 区域碳减排能力评价指标体系

指标名称			单位	指标表征
一级指标	二级指标			
经济发展能力	人均 GDP	C_1	元/人	区域内人民生活水平
	城市居民平均可支配收入	C_2	元/人·年	城镇居民可自由支配的收入
	区域 GDP 占全国比重	C_3	%	区域经济能力在全国中的地位
	农村居民家庭人均纯收入	C_4	元/人·年	区域内农村居民生活水平
能源消耗与碳排放能力	能源强度	C_5	吨标准煤/万元	单位 GDP 能耗
	碳排放强度	C_6	吨/万元	单位 GDP 碳排放量
	能源足迹	C_7	吨标准煤/人	人均能耗量
	碳足迹	C_8	吨/人	人均碳排放量
	煤炭消费占能源消费比重	C_9	%	煤炭消费能力
碳转移能力	FDI 占 GDP 比重	C_{10}	%	外商投资能力
	进出口贸易额占 GDP 比重	C_{11}	%	转移碳排放能力
技术与碳汇能力	区域技术市场成交额	C_{12}	%	低碳技术能力
	区域 (R&D) 经费投入强度	C_{13}	万元	支持技术创新力度
	城市绿化覆盖率	C_{14}	%	碳汇能力
产业发展能力	第三产业对 GDP 增长的拉动	C_{15}	%	第三产业发展能力
	工业贡献率	C_{16}	%	工业发展能力

第二节 基于熵值法的综合评价模型

一、熵值法和权重确定

确定指标权重的方法有主观赋权法和客观赋权法，前者主要包括层次分析法、德尔菲法和模糊综合评价法，而后者主要包括熵值法、因子分解法和主成分分析法。为了能对整个指标体系做客观评价，本章选取熵值法确定各项指标的权重。

熵值法是 19 世纪德国物理学家克劳修斯首先提出的，后经过 Boltzmanll 和 Shannon 等学者的深入研究，发展到目前，已经形成了比较成熟的熵值赋权方法。熵是信息论中测定不确定性的量，信息量越大，不确定性就越小，熵也越小。反之，信息量越小，不确定性越大，熵越大（叶义成、柯丽华、黄德育，2006）。根据上面的描述，用熵值法可以测度指标的离散程度，指标的离散程度越大，其在指标体系中的效用价值就越大。本章在乔家君（2004）所做研究的基础上，给出了熵值法赋权的步骤。熵值法赋权步骤如下：

假设有 m 个待评方案，评价体系的指标为 n 个，对此可以建立数学模型：

论域为：$U = \{u_1, u_2, \cdots, u_m\}$

每一个样本由 n 个指标的数据表征组成：

$u_i = \{X_{i1}, X_{i2}, \cdots, X_{im}\}$

可以得到评价系统的原始数据表征：

$X = (x_{ij})_{m \times n}$

（1）数据的标准化处理。指标体系中的指标单位不同，为便于分析采用式（4-1）进行无量纲化处理。

$$\begin{cases} \text{正向指标：} x'_{ij} = \dfrac{x_{ij} - \min x_j}{\max x_j - \min x_j} \\ \text{负向指标：} x'_{ij} = \dfrac{\max x_j - x_{ij}}{\max x_j - \min x_j} \end{cases} \qquad (4-1)$$

（2）数据坐标平移。为了消除指标值对数计算的影响，对于 x'_{ij} 进行坐标平移，如式（4-2）所示：

$$y_{ij} = x'_{ij} + A \qquad\qquad (4-2)$$

（3）第 i 个评价对象中第 j 个指标的比重计算。设有 m 个评价对象，n 个指标。比重计算公式如式（4-3）所示：

$$P_{ij} = \frac{X_{ij}}{\sum\limits_{i=1}^{m} X_{ij}} \quad (i = 1,\ 2,\ \cdots,\ m;\ j = 1,\ 2,\ \cdots,\ n) \qquad (4-3)$$

（4）第 j 项指标熵值的计算。如式（4-4）所示：

$$e_j = -\frac{1}{\ln(m)} \sum\limits_{i=1}^{m} P_{ij} \ln P_{ij} \quad (i = 1,\ 2,\ \cdots,\ m;\ j = 1,\ 2,\ \cdots,\ n) \qquad (4-4)$$

（5）计算第 j 项指标的差异系数。对第 j 项指标，指标值的差异越大，对碳减排能力评价的影响就越大，熵值就越小，定义差异系数如式（4-5）所示：

$$d_j = 1 - e_j \qquad\qquad (4-5)$$

（6）求权值。在上述计算的基础上，利用式（4-5），可得出各具体指标的权重值，即 $w = (w_1,\ w_2,\ \cdots,\ w_j)$，如式（4-6）所示。

$$w_j = \frac{d_j}{\sum\limits_{j=1}^{n} d_j} (1 \leqslant j \leqslant n) \qquad\qquad (4-6)$$

二、样本的评价

对样本的评价，可以用第 j 项指标 x_j 的权重 w_j 与标准化矩阵中第 i 个样本第 j 项评价指标接近度 x'_{ij} 作为 x_{ij} 的评价值 f_{ij}。$f_{ij} = w_j x'_{ij}$，第 i 个样本的评价值如式（4-7）所示：

$$f_i = \sum\limits_{j=1}^{n} f_{ij} \qquad\qquad (4-7)$$

对于多层结构的评价系统，可以根据信息熵的可加性，利用下层结构的指标信息效用值，按比例确定对应于上层结构的权重 W_j，对下层结构的每类指标的效用值求和。

全部指标效用值的总和：

$$D = \sum_{i=1}^{k} D_i$$

相应各子系统的权重：

$$W_k = \frac{D_k}{D}$$

对应上层结构的评价值为：

$$f'_{ij} = \sum_{j=1}^{n} W_j x'_{ij}$$

若高一层有 k 个分量，则上层结构的评价值：

$$F_i = \sum_{i=1}^{k} \sum_{j=1}^{n} W_j f'_{ij}$$

某个区域碳减排能力总得分为：

$$SARD_i = \sum_{j=1}^{n} (w_j \times p_{ij})$$

三、数据收集与处理

本章研究的内容是京津冀三个省市的碳减排能力，数据来源于《中国能源统计年鉴》（2002～2012）、《中国统计年鉴》（2002～2012）、《中国科技统计年鉴》（2012）、《北京统计年鉴》（2012）、《天津统计年鉴》（2012）和《河北经济统计年鉴》（2012）。由于所选取的碳减排能力指标的可获取性，选取 2001～2010 年这 10 年间的数据展开研究。通过统计年鉴获取的数据，具有准确性、权威性、科学性等优点，从而确保本书的研究结果更加科学和严谨。

根据式（4-1）和式（4-2）对原始数据进行标准化处理，然后按照 $y_{ij} = x'_{ij} + 0.01$ 对标准化的数据进行平移得到标准化数据矩阵。再按照上述公式分步计算，得到京津冀碳减排能力指标体系的权重系数，如表 4-2、表 4-3、表 4-4 所示。

表4-2 北京市碳减排能力评价指标及权重

指标		信息熵 e_j	权重 w_j	权重 W_j
B_1 (0.3129)	C_1	0.8831	0.0769	0.2458
	C_2	0.8654	0.0748	0.2391
	C_3	0.9197	0.0646	0.2065
	C_4	0.8263	0.0966	0.3086
B_2 (0.1713)	C_5	0.9164	0.0164	0.0957
	C_6	0.9110	0.0395	0.2306
	C_7	0.8868	0.0429	0.2504
	C_8	0.8547	0.0508	0.2966
	C_9	0.8891	0.0217	0.1267
B_3 (0.1547)	C_{10}	0.9048	0.0679	0.4389
	C_{11}	0.8911	0.0868	0.5611
B_4 (0.2443)	C_{12}	0.8511	0.0856	0.3504
	C_{13}	0.8210	0.0995	0.4073
	C_{14}	0.9294	0.0592	0.2423
B_5 (0.1168)	C_{15}	0.9051	0.0947	0.8108
	C_{16}	0.9457	0.0221	0.1892

表4-3 天津市碳减排能力评价指标及权重

指标		信息熵 e_j	权重 w_j	权重 W_j
B_1 (0.2525)	C_1	0.8601	0.0618	0.2428
	C_2	0.8340	0.0652	0.2562
	C_3	0.8807	0.0412	0.1619
	C_4	0.8514	0.0863	0.3391
B_2 (0.3361)	C_5	0.9117	0.0753	0.2240
	C_6	0.8839	0.0696	0.2071
	C_7	0.9099	0.0663	0.1973
	C_8	0.8866	0.0682	0.2029
	C_9	0.9070	0.0567	0.1687

指标		信息熵 e_j	权重 w_j	权重 W_j
B_3（0.1034）	C_{10}	0.8621	0.0408	0.3946
	C_{11}	0.8721	0.0626	0.6054
B_4（0.1726）	C_{12}	0.8702	0.0666	0.3859
	C_{13}	0.9059	0.0683	0.3957
	C_{14}	0.9268	0.0377	0.2184
B_5（0.1334）	C_{15}	0.7755	0.0772	0.5787
	C_{16}	0.9140	0.0562	0.4213

表4-4 河北省碳减排能力评价指标及权重

指标		信息熵 e_j	权重 w_j	权重 W_j
B_1（0.2251）	C_1	0.8527	0.0568	0.2523
	C_2	0.8600	0.0630	0.2799
	C_3	0.9418	0.0303	0.1346
	C_4	0.8370	0.0750	0.3332
B_2（0.4116）	C_5	0.8855	0.0897	0.2179
	C_6	0.8475	0.0895	0.2174
	C_7	0.8621	0.0619	0.1504
	C_8	0.8827	0.0812	0.1973
	C_9	0.8863	0.0893	0.2170
B_3（0.096）	C_{10}	0.8902	0.0373	0.3885
	C_{11}	0.8874	0.0587	0.6115
B_4（0.127）	C_{12}	0.9036	0.0503	0.3961
	C_{13}	0.8934	0.0556	0.4378
	C_{14}	0.9212	0.0211	0.1661
B_5（0.1403）	C_{15}	0.8735	0.0561	0.3999
	C_{16}	0.8578	0.0842	0.6001

第三节 结果分析

一、京津冀碳减排能力综合分析

应用本章第二节中的模型可以得到京津冀 2001～2010 年的碳减排能力综合得分，如表 4 - 5、表 4 - 6、表 4 - 7 所示，进而可以得到京津冀 2001～2010 年碳减排能力水平对比图，如图 4 - 3 所示。

表 4 - 5　2001～2010 年北京市碳减排能力水平得分

年份	经济发展能力	能源消耗与碳排放能力	碳转移能力	技术与碳汇能力	产业发展能力	SARD
2001	0.002	0.0452	0.0142	0.0158	0.0211	0.0656
2002	0.0077	0.0324	0.0262	0.0235	0.0210	0.0679
2003	0.0130	0.0261	0.0312	0.0320	0.0136	0.0821
2004	0.0208	0.0206	0.0349	0.0354	0.0273	0.0894
2005	0.0285	0.0187	0.0366	0.0359	0.0246	0.0983
2006	0.0348	0.0186	0.0397	0.0367	0.0308	0.1186
2007	0.0456	0.0177	0.0452	0.0389	0.0401	0.1238
2008	0.0536	0.0155	0.0484	0.0424	0.0172	0.1356
2009	0.0612	0.0139	0.0546	0.0492	0.0114	0.1496
2010	0.0850	0.0122	0.0654	0.0624	0.0095	0.1626

由图 4 - 3 可知，2001～2010 年京津冀三地碳减排能力均有所增加，但是河北省碳减排能力增幅不大，明显落后于北京市和天津市。河北省目前仍处于工业

表4-6 2001~2010年天津市碳减排能力水平得分

年份	经济发展能力	能源消耗与碳排放能力	碳转移能力	技术与碳汇能力	产业发展能力	SARD
2001	0.0015	0.0553	0.0122	0.0114	0.0192	0.0518
2002	0.0035	0.0461	0.0223	0.0214	0.0090	0.0619
2003	0.0094	0.0312	0.0254	0.0233	0.0188	0.0665
2004	0.0153	0.0322	0.0280	0.0238	0.0254	0.0826
2005	0.0228	0.0256	0.0329	0.0246	0.0032	0.0866
2006	0.0292	0.0292	0.0346	0.0254	0.0565	0.0916
2007	0.0344	0.0268	0.0385	0.0279	0.0904	0.1034
2008	0.0508	0.0356	0.0435	0.0316	0.0887	0.1141
2009	0.0597	0.0361	0.0503	0.0324	0.0891	0.1284
2010	0.0746	0.0298	0.0602	0.0330	0.0506	0.1528

表4-7 2001~2010年河北省碳减排能力水平得分

年份	经济发展能力	能源消耗与碳排放能力	碳转移能力	技术与碳汇能力	产业发展能力	SARD
2001	0.0011	0.0763	0.0102	0.0051	0.0459	0.0426
2002	0.0031	0.0667	0.0202	0.0101	0.0210	0.0513
2003	0.0066	0.0580	0.0232	0.0151	0.0091	0.0581
2004	0.0116	0.0560	0.0266	0.0168	0.0311	0.0629
2005	0.0174	0.0435	0.0314	0.0236	0.0319	0.0644
2006	0.0191	0.0532	0.0336	0.0284	0.0344	0.0717
2007	0.0279	0.0435	0.0376	0.0312	0.0289	0.0758
2008	0.0356	0.0453	0.0402	0.0318	0.0147	0.0832
2009	0.0412	0.0564	0.0482	0.0343	0.0408	0.0934
2010	0.0514	0.0546	0.0576	0.0367	0.0302	0.1366

化阶段,第二产业仍然是其GDP增长的主要拉动力,尤其是工业对GDP的贡献率很大,第三产业一直增幅缓慢。从整体上看,京津冀整体碳减排能力已形成了梯度差,天津市处于中间位置,河北省的碳减排潜力巨大,但是必须借助京津冀协同力量降低河北省的排放量。

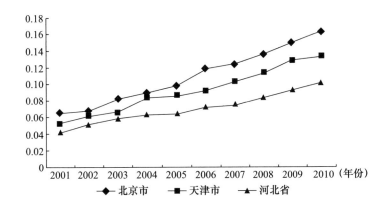

图4-3 2001～2010年京津冀碳减排能力水平对比

二、京津冀碳减排能力一级指标分析

1. 经济发展能力方面

由图4-4、图4-5、图4-6可知,2001～2010年,京津冀区域经济发展能力均持续增长,其中北京市经济发展能力从2001年的0.002上升到2010年的0.085,天津市经济发展能力从2001年的0.0015上升到2010年的0.076,河北省经济发展能力从2001年的0.0011上升到2010年的0.0514,京津冀区域的经济增长能力均较强,这也为京津冀合作碳减排提供了有力的资金保障。

2. 能源消耗与碳排放能力

由图4-4至图4-6可知,2001～2010年,京津冀区域能源消耗与碳排放能力均有所下降,但是河北省下降幅度很小,仅从2001年的0.0763下降到2010年的0.0546。2001～2010年,河北省主要依赖能源消耗和工业发展拉动GDP增

京津冀区域碳减排能力测度与合作路径研究

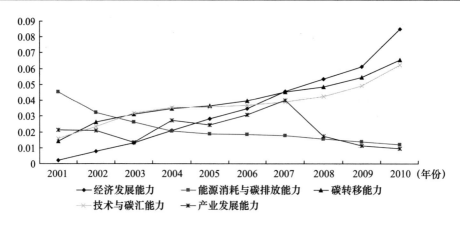

图 4 - 4 2001～2010 年北京市碳减排能力变化趋势

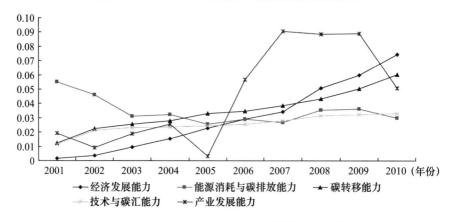

图 4 - 5 2001～2010 年天津市碳减排能力变化趋势

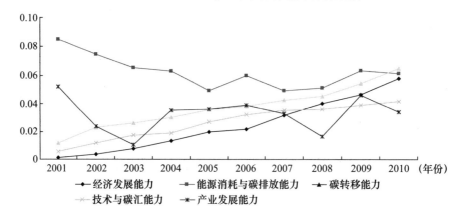

图 4 - 6 2001～2010 年河北省碳减排能力变化趋势

长，提高河北省能源利用率和调整其第二产业结构比重对京津冀合作碳减排至关重要。

3. 碳转移能力

由图4－4至图4－6可知，2001～2010年，京津冀碳转移能力在持续增长，北京市的碳转移能力从2001年的0.0142上升到2010年的0.0654，天津市碳转移能力从2001年的0.0122上升到2010年的0.0602，河北省碳转移能力从2001年的0.0102上升到2010年的0.0576。

4. 技术与碳汇能力

由图4－4至图4－6可知，2001～2010年，京津冀技术与碳汇能力在不断提升，这也与国家政策密切相关，技术创新、低碳经济成为区域经济新的增长方式。

北京市技术与碳汇能力从2001年的0.0158上升到2010年的0.0624，天津市技术与碳汇能力从2001年的0.0114上升到2010年的0.0330，河北省技术与碳汇能力从2001年的0.0051上升到2010年的0.0367。

5. 产业发展能力

产业发展能力里面包含了一个正指标和一个负指标，无法简单评判，可以分开讨论，见下文的二级指标分析。

三、京津冀碳减排能力二级指标分析

根据表4－2、表4－3、表4－4中京津冀指标的权重数，可以得到京津冀碳减排能力指标权重对比趋势，如图4－7所示。

由图4－7可知，从横向比较看，北京市的人均GDP、区域（R&D）经费投入强度和第三产业对GDP的拉动明显高于其他两地。河北省的能源强度、碳排放强度和工业贡献率均高于京津两市。天津市的这些指标在和北京市、河北省对比时，基本处于中间位置。北京市的经济能力和科技能力在京津冀三地中优势很大，一大部分原因是北京市属于政治文化中心，高校云集，也是首先发展起来的几大城市之一。河北省的GDP增加还主要依靠传统的老工业，如钢铁、化工、

水泥等行业，这些高能耗、高污染、高排放的工业也有一大部分是从京津两地转移过去的，所以在考虑京津冀合作碳减排的过程中，主要是考虑河北省对整个京津冀地区的碳减排贡献率，降低其能源和碳消费比重。天津市老工业已初步转型，目前，滨海新区集聚了航空、新能源、生物制药等科技技术含量较高的产业，碳减排潜力较大。

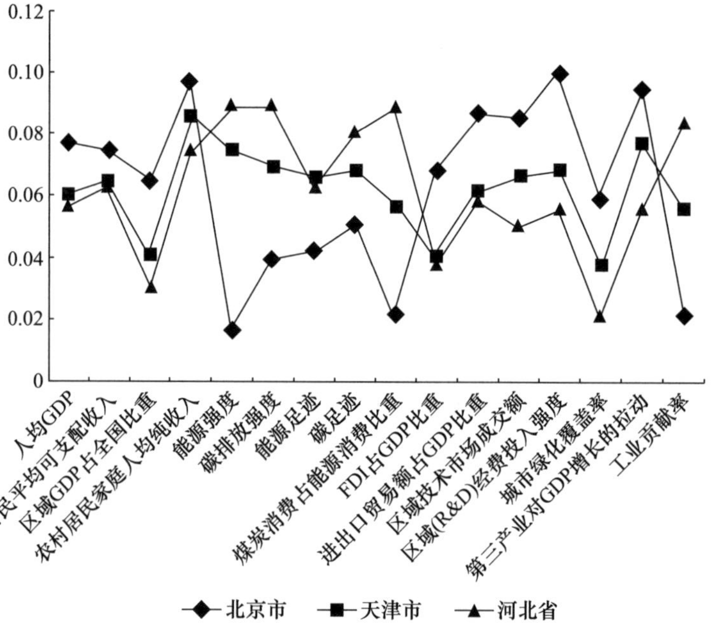

图 4－7　京津冀碳减排能力指标权重对比

从指标权重比较看，农村居民家庭人均纯收入在整个指标体系中比重较大，这也说明农村的发展是提升整个区域经济能力的着力点，这也和国家城镇一体化政策相关，加快京津冀城镇化进程也是提高京津冀经济能力的方式之一。进出口贸易额方面，天津市和河北省相差不大，但都明显低于北京市，所以在京津冀合作减排中，必须加强进出口方面的合作，这也是碳转移能力的体现，天津市应充分发挥天津港的港口优势。在外商投资方面，由于北京市的区位优势，目前外商投资倾向于在首都设立公司，所以北京市的外商投资力度强于津冀，但是目前天津市滨海新区的发展也集聚了一大批外企，未来其潜力巨大，河北省在吸引外商投资方面要加大力度，尤其是吸引新能源类型的企业入驻，这需要政府和企业的通力合作。在区域技术成交额方面，其比重在整个体系中处于中游，这也反映出目前京津冀低碳技术还不够成熟，还需要更多的低碳创新和低碳产品的开发。区域（R&D）经费投入强度方面，在这个体系中处于下游水平，京津冀在科学和技术经费上的投入力度不够，应加大该方面的投入和支持。在碳汇方面，其比重处于整个指标体系的中游，这也和国家政策相关，碳排放源的概念已被广泛接受，而关于森林和草地等植被可以吸收二氧化碳的功能却未普及，京津冀应加强碳汇方面的宣传和引导，增加整个区域的绿化覆盖率。

第五章　京津冀区域碳减排合作路径

第一节　京津冀区域碳减排合作动力与原则

一、区域碳减排合作动力分析

区域协同减排已经成为当今区域合作的新动向，在国家低碳合作方面，《京都议定书》建立了旨在减排温室气体的三个灵活的合作机制——国际排放贸易机制、联合履行机制和清洁发展机制。它极大地推动了发达国家和发展中国家之间的低碳合作。

在区域层面上，低碳竞争力已成为未来区域竞争的关键，至此，我国已确定了6个省区低碳试点、36个低碳试点城市，如今在中国香港地区、中国澳门地区、中国台湾地区外的31个省、市、自治区，除湖南、宁夏、西藏和青海以外，每个地区至少有一个低碳试点城市。在资源环境方面，随着城镇化进程的加快，农村人口的涌入将给城市区域资源环境造成很大的压力，能源的消耗也将持续上升，碳排放量也势必会增加，低碳能源的利用和开发是低碳城市的保证，推动区域协同碳减排是破解这些问题的关键。中共十八大报告提出了转变经济发展方式，在过去的30多年，我国经济增长突飞猛进，但是付出了巨大的环境代价，粗放的经济增长方式、科技含量低的产品、第二产业比重大等问题已经引起了国家的高度重视，我国还处于高能耗、高碳排放时期，降低碳排放和发展低碳经济成为转变经济发展方式的重要方法。这些背景也为区域合作碳减排提供了强大动力。具体动力因素如图5-1所示。

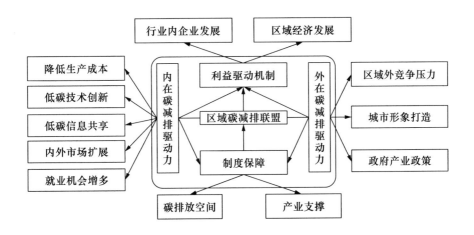

图5-1 京津冀区域合作碳减排动力机制

二、京津冀区域碳减排合作原则

1. 整体化原则

区域碳减排联盟是一个大的系统，每个区域又可以看作一个系统，区域碳减排联盟就是区域内各个子系统之间相互协调、相互联系、相互制约构成的一个具有特定功能的统一整体。联盟的整体作用要大于各区域子系统之和。各区域子系统的结构决定了联盟的功能，各区域子系统的功能决定了联盟的整体效应。因此，区域碳减排联盟应该协调区域内部各个子系统之间的关系，实现区域内经济和社会发展、资源利用与节能减排相结合。

2. "四位一体"原则

区域碳减排联盟是一个系统工程，必须注重各个区域经济、社会、产业、技术四个方面的全面融合，简称"四位一体"原则。在产业的各个链条展开合作，从上游的原材料提供到最终的废弃物处理等方面开展全方位的合作，实现产品、技术、资源、信息的充分共享，充分发挥各个区域的区位优势，在发展经济的同时降低整个区域的碳排放量。

3. 利益共享原则

碳减排联盟形成的主要动因就是各区域的低碳利益和经济利益。在各区域发展低碳经济的过程中，不能以损害其他区域的利益为基础来增加自己的利益，而是充分尊重其他区域发展的权利，在此基础上展开合作。通过合理分配区域之间的低碳利益，使各个区域能从碳减排联盟中获得经济、社会、技术等多方面的利益，实现联盟的稳定发展。

4. 发挥区位优势原则

每个区域都有其独特的自然资源、地理位置、产业结构、文化底蕴，在碳减排联盟形成的过程中，要推动区域间资源的合理利用，产业分工合理，避免重复建设和产业趋同，最大限度地实现区域科学发展。因此，在区域低碳合作开展的过程中，充分发挥区域的区位优势，坚持优势互补，结合各区域的资源禀赋、产业结构条件和社会条件，实现区域间要素的合理转移，最大限度地利用整个区域的低碳资源，减少同质竞争。

5. 多区域联动原则

碳减排联盟不是仅限于两个区域之间的合作，而是多个区域共同参与的合作。首先政府需要给予政策的扶持，积极采取措施，构建区域联动机制，强化用市场手段解决环境治理问题。深化区域产业低碳分工体系，进而实现区域低碳合作的多方协调、区域联动发展格局。

到目前为止，京津冀已经在产业方面、基础建设、环境保护等方面进行了不同程度的合作。二氧化碳排放的负外部性决定了京津冀必须加强合作才能达到减排的效果，结合前四章的研究内容，尤其是第四章的京津冀碳减排能力指标分析，建立跨区域的碳减排联盟以适应区域低碳发展的需要。京津冀区域合作碳减排是一个系统工程，必须注重经济、社会、产业、技术等方面的融合，在经济、文化、能源、社会等各个领域展开合作，实现产品、技术、资源、信息的充分共享，充分发挥各个区域的区位优势，在发展经济的同时降低整个区域的碳排放量。增强城市群的低碳竞争力，实现区域经济发展和环境改善的"双赢"。模式如图 5-2 所示。

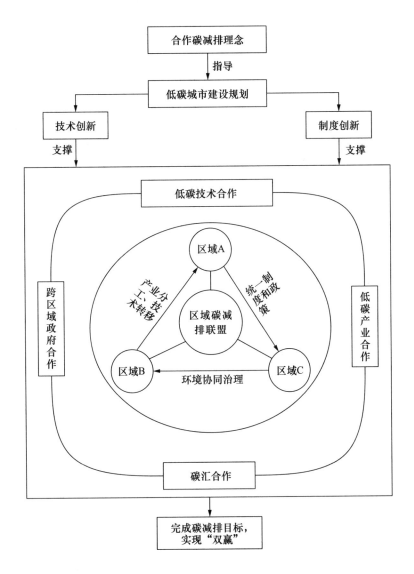

图 5-2　京津冀合作碳减排路径

第二节　跨区域政府合作路径

要实现京津冀碳减排合作，必须突破理念的限制，京津冀三地的政府、企业、个人共同参与，而最重要的合作主体是政府。成立区域协同碳减排工作组。打破地方政府各自为政的局面，建立健全政府推动、市场主导、社会共同参与组织网络体系。工作组负责编制区域碳减排联盟的规划，制定统一的碳减排时间表。在区域协同碳减排工作开展的过程中，协调各区域间的利益分配，通过制度规范减少碳减排过程中的成本。京津冀政府开展碳减排合作的主要途径如下：

（1）合作碳减排目标的确定。京津冀政府应确定好合作的碳减排目标，明确的目标才能让各区域制定行之有效的措施，而三地的碳减排能力存在差异，合作减排要基于这些差异因素，结合各区域的发展实际，因地制宜，兼顾各区域的经济发展制定碳减排目标。

（2）碳减排制度的建设。京津冀合作碳减排必须制定相应的制度，为低碳经济提供保障。同时，碳排放权实际上是一种发展权，和地方经济直接相连。那么协调相应的利益关系，成本分摊、利益分配必须要有完善的制度支撑。碳减排制度的建设是京津冀合作减排达成的先行条件。区域之间的碳减排制度体系应相互促进、相互依存，良好的碳减排制度有利于保障区域经济的有序发展，实现区域之间的良性互动。通过政府投资、管理等措施，利用金融工具和政策体系等手段来促进低碳制度合作，达到区域合作碳减排的目的。

（3）区域规划制定的合作。区域的发展政府要做长远的规划，而规划必然涉及资源、环境、人员的整合，这是政府职能发挥的主要方式。在区域规划上开展政府合作也是一项重要内容，京津冀政府在产业集聚、技术转移、人才引进等方面都应制订相应的规划方案，而这些规划方案之间的合作联系，也是未来京津冀开展合作碳减排的基础。

（4）碳减排信息共享。碳减排信息共享也是京津冀政府合作的一项主要内容，信息共享涉及多方面的内容，如技术信息、产品信息、企业信息、人才信息等，信息不对称将造成资源的浪费和资金的损失，失实的信息还有可能造成合作方利益的损失，有效的信息共享是京津冀开展碳减排合作的助推剂。

第三节　低碳产业合作路径

碳排放的主要来源是生产领域，尤其是工业生产领域。我国低碳经济主要强调产业的低碳发展。低碳产业合作是京津冀碳减排合作的重要路径，合理引导区域间产业转移，避免区域之间的产业趋同，减少同质化和无序竞争（见图5－3）。因此，京津冀在产业选择上，既要体现自己的区位优势，又要兼顾其他区域的产业发展，实现区域联盟产业分工明确、优势互补。产业分工合理，北京市集中了

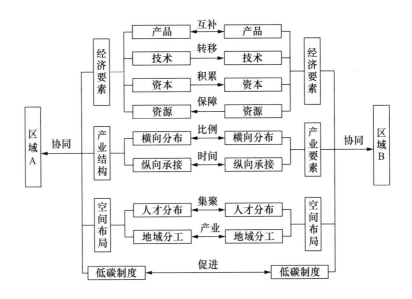

图5－3　区域产业合作模式

人力、物力、资源、技术等各方面优势，发展较快，而津冀可以引进北京的先进技术，学习其宝贵经验。河北省在第三产业上与京津有明显差距，形成了产业梯度转移的空间。充分发挥北京市科技、教育、人才优势，天津港物流业、金融、制造业的优势，河北省基础资源优势，从产品、技术、资本方面形成京津冀低碳产业链。

第四节　低碳技术合作路径

低碳技术主要指煤炭的低碳化利用、可再生能源技术、碳捕捉和封存技术、传统产业改造升级技术。区域联盟应大力发展低碳技术，在联盟中科技优势和教育资源丰富的区域应该为相对落后的区域提供技术支持和人才支持，充分发挥各高校和研究院的优势，积极开展区域间技术交流合作，促进低碳技术的转移和创新。20 世纪 80 年代京津冀的区域协调工作就已经展开，京津冀地区技术存在梯度差距，北京市、天津市技术水平都高于河北省。京津冀要充分利用技术梯度。京津冀地区在产业转移过程中可以在以下几个方面加强技术合作：

（1）低碳技术引进。根据联合国开发技术署发布的《2010 年中国人类发展报告——迈向低碳经济和社会的可持续未来》（以下简称报告），在报告中指出中国未来发展低碳经济需要 60 多种主导技术，但是中国只掌握其中的十几种，在这种情况下，京津冀可以合作引进先进低碳技术，分摊技术引进成本，达到技术共享。

（2）区域间技术合作。京津冀区域同类产业或企业之间展开合作，区域间产业趋同，生产同类产品的企业都有其优势和劣势，在这种情况下，积极进行资源共享，寻找三方需要攻克的技术难题进行合作。同时，京津冀区域也可以在产业链上下游之间展开技术合作，使上下游企业的联系更加紧密，通过产业链条上技术的合作，推动整个产业链低碳发展，降低研发同类技术的成本，提升区域低碳竞争力。

（3）产学研结合。利用北京的教育资源优势、天津市和河北省的制造业优势，搭建京津冀产学研平台，企业与高校、研究院等科研机构联合，企业提供必要的科研经费、高校提供科研力量进行研发，所得研究成果由企业和高校共享。京津冀政府应积极推动产学研平台的建设，为企业发展低碳技术提供信息咨询，积极促成产学研合作。

第五节 碳汇合作路径

（1）森林和绿地碳汇是易操作、见效快的一种减排方式。目前，碳汇项目还属于新兴项目，对碳汇概念还有认知的过程，京津冀应加大碳汇宣传工作，北京碳汇网、中国碳汇网等网站为公众了解碳汇知识提供了很好的信息平台，加强这些网站和各种媒介的宣传，吸引企业和个人参加到碳汇项目中来。

（2）京津冀区域碳汇项目的推广要因地制宜，河北省地域面积广阔，适合大范围推广森林碳汇。碳汇项目的开展需要大量的资金支持，京津冀政府可以建立碳汇项目基金，向企业和个人募集资金。京津冀政府应建立相应的森林和绿地碳汇补偿机制，完善土地承包制度。碳汇项目的开展需要大量的专业人才，借助京津两地的教育优势，培育专门的碳汇科技人才，加强人员培训、国际交流，建设出高质量的碳汇项目。

（3）增强碳汇面积，区域之间整合碳汇资源，合理制定森林和绿地资源保护规划，禁止乱砍滥伐，严格保护湿地、草地等天然碳汇场所。合理利用土地资源，土地利用是影响陆地生态系统碳循环的主要因素，也是仅次于化石燃料燃烧的大气二氧化碳浓度急剧增加最主要的人为原因。因此，区域碳减排联盟需要关注土地利用这一调控手段，优化各区域的土地结构，形成紧凑、有序、节能的土地布局。提高土地生产率，在增加农作物产量的同时保护土地生态系统。

（4）发展京津冀区域碳汇市场。京津冀碳交易市场的繁荣，必须让碳汇交易也加入碳交易机制中，尤其是森林碳汇要成为碳汇交易的主力。就京津冀区域而言，城市是碳排放的主要区域，而农村则可以吸收大量的碳源，因此，加强城乡之间的碳汇交易，可以增加农村人口收入，在碳减排的同时提高农村人民的生活水平。

第六节　低碳金融合作路径

区域碳减排联盟要利用好金融工具，完成碳减排工作，同时降低环境风险。以碳交易所和碳汇银行为创新点，完善各区域金融体系（李凯风，2010）。京津冀低碳金融合作可以从以下两个方面展开。

一、发展企业碳交易市场

京津冀低碳经济的发展，主要依靠区域内企业的发展推动。在政府的引导下，各区域企业要积极寻找机会，尤其是河北省的企业要借助地缘临近优势，与京津两地的高校、研究院展开更多的合作交流，利用京津两地科技、物流、管理、研发等方面的优势，形成具有河北省特色的低碳产业链。区域内企业必须把创新低碳技术和生产低碳产品作为自身的社会责任。在此过程中还需要政府设定企业的碳排放指标，京津冀企业合作路径主要指企业间开展碳交易，目前，北京市和天津市均有自己的碳排放权交易所，京津冀区域间碳交易条件已初步具备，首先要核准区域内企业的碳排放量，设定好企业的碳排放指标，对于超过碳排放指标的企业可以通过碳交易手段向有剩余指标的企业购买。在此过程中，京津冀三地必须建立完善的监管体系，以确保碳交易机制有序进行。

二、建立京津冀个人碳交易市场

个人消费产生的碳排放量同样不容忽视，2011 年国家下发了《"十二五"控制温室气体排放工作方案》，方案中提到要开展低碳社区试点和引导低碳家庭创建活动。在此契机下，京津冀区域应积极响应国家政策，引导和激励个人碳减排。在此，本书提出了在京津冀实施个人碳交易的模式，用市场化机制促进个人碳减排工作的进展。在借鉴成熟碳排放交易体系经验和教训的基础上，本书提出个人碳交易"碳币"的发展模式（见图5-4）。"碳币"并不是一种像金属币、纸币、电子货币等那样可以在市场上流通的货币形态，它是一个意想中的货币体系，也可以说是一个衡量世界上各种货币币值的新标准（刘颖、郭江涛、王鹏，

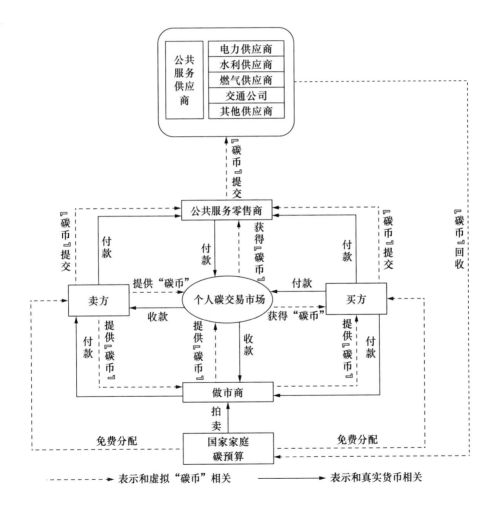

图5-4　个人碳交易"碳币"模式

2010）。未来每个家庭都拥有一个碳账户，每个月由国家或地方政府的相关管理部门免费分配给每个家庭一定数量的"碳币"。家庭在缴纳电费、燃气费等费用或者交通出行时，不但要缴纳现金还要花费"碳币"，在月底未用完的"碳币"会自动保存到下个月或者被出售。当低排放会给个人带来利益时，他们就会清醒地意识到低碳消费对全球气候变暖的价值。这种积极的回馈会使碳减排工作顺利开展。

下　篇

京津冀产业协同背景下能源消费碳排放分配及企业违约风险控制问题研究

第六章　碳排放权分配相关理论研究进展

第一节　产业协同与产业转移

区域协同发展问题已经上升为国家战略，因此，怎样能够实现合理的产业分工、产业转移成为需要考虑的重大课题。区域间产业转移已经成为地区经济关联的主要特征，与区域经济的演化进程并行发展。在全球经济现代化、区域经济一体化快速发展的背景下，产业转移已经成为区域产业协同发展的重要方式。

现在国际上关于产业转移问题大多以区域经济学、产业发展、国际直接投资等视角进行研究，并针对各国家、各地区及发展阶段做了很多实证分析。赤松要于1930年提出了燕行发展理论，指出发展中国家应该利用本国的自然、经济等资源要素按次序承接一些发达国家的转出产业，分阶段、分层次地促进本国产业的升级优化（王乐平，1990）。阿瑟·刘易斯（1984）的劳动密集型产业转移理论认为，发达国家因为技术进步及人口等因素的限制，部分劳动密集型产业会逐渐失去优势，因而会逐渐向发展中国家转移。邓宁（1981）的国际生产综合理论也部分解释了发展中国家在国际产业转移过程中地位变化的现象。劳尔·普雷维什提出了"中心—外围"理论，从发展中国家视角解释了发展中国家和发达国家由于经济不对称而导致的贸易逆差，使发展中国家开始发展工业用来代替进口，因此替代战略成为产业转移的根源（董国辉，2003）。

我国近些年对于产业协同、产业转移的研究逐渐增多。目前，我国对产业转移的研究较为集中于以下四个方面：①国际产业转移主要趋势及对我国产业结构调整的影响程度；②技术转移的"梯度转移"理论与"反梯度转移"理论；③产业转移与国际直接投资的关系；④产业转移与国内企业扩张的关系。同时也有研究指出，产业转移不光是企业、转入地、转出地政府之间的博弈过程，也是各地政府的环境竞争过程（魏后凯，2003）。刘满平（2004）从产业转移企业、转入转出地政府及产业转移的途径三个方面研究了区际产业转移机制构建的相关问题，认为转移平台主要由政府进行搭建，转移的主体是企业，载体是生产要素，转移途径则是城市化。

对于京津冀区域产业转移方面的研究也有很多。戴宏伟（2003）首次将产业梯度转移理论结合到京津冀发展问题上，指出京津冀区域协作能力较低的原因是产业深层次分工不明、协作水平较低，以及北京的经济辐射力不强。穆岩（2008）计算了渤海地区的产业结构相似性系数，以此来分析环渤海地区的产业结构趋同情况，得出该地区仍然是传统的资源型产业处于主导地位，应该继续加大高新技术产业的发展力度，今后也应该加强承接产业转移的综合实力，主动承接高新产业，扩大服务业规模，促进双向转移。臧学英和于明言（2010）对京津冀地区在战略性新兴产业上如何加强对接与合作的问题进行了研究，指出应在新材料、软件、电子信息、生物育种、生物医药、环保汽车等十大方面实现产业对接，优化产业链，实现错位发展。

从对文献的梳理可以发现，研究角度正逐渐从理论研究转向实证分析，由定性研究为主逐渐转向定性研究与定量研究相结合，范围也从国际产业转移逐渐细化到区域，由单纯研究产业转移影响因素转向综合协同效应的分析与研究。

第二节 碳排放分配理论综述

一、碳配额初始分配方式

Dales J. H.（1968）首次提出可以用许可证作为排放权的载体，还可以将富余的排放权进行交易，这赋予了碳排放权产权属性，也意味着排放权初始分配方法十分重要。Hahn（1984）也提出在不完全竞争环境下，排放权初始分配方式会对排放权的交易效率产生影响。目前已经开始实施碳排放权交易的国家或地区主要采用三种初始分配方式：免费分配、拍卖分配、混合分配（丁丁、冯静茹，2013）。

免费分配就是行政部门按照一定的规则和标准将核定后的碳排放量无偿分配给各参与企业，企业在配额有剩余的情况下可以在碳交易市场上进行出售交易。这种方式在刚开始实行碳排放控制时期较为容易被企业接受，企业也无须付出过多成本，但是激励作用不明显，市场效率也不高。免费分配主要有祖父制和基准制两种方式，祖父制是以历史碳排放量作为分配依据，基准制是以现有的排放量作为依据。

拍卖分配是参与企业通过竞标的方式得到配额，这种方式使最需要额度的企业以一个相对合理的价格获得配额，虽然会增加企业的减排成本，但从长期来看，该方式可以形成一个较为清晰的市场价格，对市场形成指导作用，从而具有更高的效率。Cramton 和 Kerr（2002）认为，拍卖分配的方式要更优于世袭制分配方式，拍卖价格还可以充当企业边际治污成本的显示信号。Sijm 等（2007）认为，尽管拍卖分配的可接受性和产业竞争力较差，但在经济效率、环境有效性等方面都有较佳表现，拍卖分配总体上能达到的综合效果最好。混合分配是兼有免费和拍卖两种方式，即一部分免费分配发放，其余部分拍卖分配，该方法也能较好地兼顾效率和公平，也较容易为企业所接受。

免费分配和拍卖分配的最大区别就是是否要求企业在获得配额时支付相应的代价。这三种模式在已经实施碳交易的地区都有应用，在实施初期较多国家采用了免费分配，但现阶段更多偏向于选择拍卖分配模式，而将免费分配作为补充或过渡期的选择。Ringius 等（2002）认为，单一的分配方式无法获得广泛认同，可以由相关决策者对各方法进行打分或赋权，让各方在多个方法中进行利益协调，进而形成一个能够被各利益相关方普遍接受的方案。国内很多研究，如李寿德、黄桐城和赵文会（2008）等，认为以我国目前的经济水平和碳交易市场发展情况，采用以免费分配为主、以拍卖方式为辅的混合分配方式是较为合适的。吴颖等（1999）认为政府可以将一部分额外的配额保留下来，后续通过拍卖等方式再次发放。唐邵玲和阳晓华（2010）、饶从军和赵勇（2011）则着重研究了基于拍卖方式的碳排放权初始分配问题；陈波（2013）认为碳交易市场可以建立有效的价格信号，寻找到成本效率最好的减排区域。

根据国际排放权交易市场经验，不同分配方式都有其优劣势，也不存在普适的最优方式。采用何种分配方式应根据地区实际情况、资源禀赋及政策倾向，在公平、效率、可接受性、稳定性等方面进行综合考虑。

二、碳配额分配原则

目前国际主流的分配方式基本都会以三大原则为出发点，即公平性原则、效率性原则及可行性原则。公平性原则主要考虑碳排放水平的影响，一般以人均碳排放量为主要指标进行考量，即人均碳排放量越大，其相应承担的减排责任也就越大。效率性原则主要考虑能源效率水平及非化石能源的使用效率，一般以工业增加值能耗、废弃资源利用率等为指标进行考量，如果该地区的工业能源消耗较高，但下降幅度快，并且非化石能源比例较低，说明其具有较大的减排潜力。可行性原则主要考虑地区的经济发展水平，一般以人均 GDP 为主要指标进行考量，主要体现地区生活水平及财政实力等对减排工作的支持力度。

此外，很多学者从公平性角度进行深入研究，Benestad（1994）提出了根据能源需求进行碳排放权分配，即一国的减排责任应该与该国当前进行经济活动所需的能源消耗量相匹配。Malakoff（1997）从《京都议定书》的效力有限性方面提出：公平性方案对碳排放总量控制缺乏有效约束。Sagar 和 Kandlikar（1997）等认为，《京都议定书》效力有限，主要针对高碳国家，应综合考虑发展中国家的具体情况，提出新的全球性减排方案。樊纲等（2010）以长期—动态的视角，将"共同但有区别的责任"发展为"共同但有区别的碳消费权"，并提出应根据最终消费来分配减排责任。吴静和王铮（2010）分别根据平等主义、世袭及支付能力原则对我国进行省际分配，结果表明，支付能力是最适合的方案。邱俊永、钟定胜和俞俏翠（2010）认为，目前公平性指标的选取不够全面，并选取人口、国土面积、生态生产性土地面积和当前化石能源探明储量四个指标，用基尼系数评价了 G20 主要国家从工业革命开始至 2006 年间的二氧化碳累计排放量的公平性程度。从不同角度及分解过程可以将国际上的主要原则进行分析和归纳，如表 6 - 1 所示。

表 6 - 1　基于不同角度的国际分配原则

分类	原则	含义	常用操作规则	分解原则
基于分配角度	主权原则	所有地区拥有平等的碳排放权及不受碳排放影响的权利	所有区域按同一比例减排，并维持现有的相对排放水平保持不变	按排放的相对份额进行排放总量的分配
	平等主义	所有人具有平等的碳排放权及不受碳排放影响的权利	减排量与总人口成反比	按人口的相对份额进行排放总量的分配
	支付能力	根据地区实际能力承担相应经济责任	所有区域的总减排成本占其 GDP 的比例相等	分配后应使所有区域的总减排成本占其 GDP 的比例相等
基于结果角度	水平公正	平等对待所有区域	所有区域净福利变化占 GDP 比例相等	排放量的分配应使所有区域的净福利变化占 GDP 的比例相等
	垂直公正	给予处于不利地位的地区更多关注	净收益与人均 GDP 呈负相关关系	累计分配排放权使净收益与人均 GDP 负相关

续表

分类	原则	含义	常用操作规则	分解原则
基于结果角度	补偿原则	根据帕累托最优原则，任何区域的改善不能造成其他区域的损失	对净福利损失的区域进行补偿	排放权的分配不应使任何区域遭受净福利损失
	环境公平	生态系统的基础地位和优先权利	减排应使碳排放总量资源价值最大化	排放权的分配应使碳排放总量资源价值最大化
基于过程角度	罗尔斯最大最小	处于最不利地位区域的福利最大化	使最贫困区域的净收益最大化	为最贫困区域分配较多的额度使其净收益最大化
	一致同意	公平的区域分配过程	寻求大多数区域接受的分配方案	排放总量的分配应满足大多数区域的要求
	市场正义	市场竞争是公平的	更好地利用市场	以拍卖的方式将排放权分配给竞价最高者

资料来源：陈文颖，吴宗鑫. 气候变化的历史责任与碳排放限额分配 [J]. 中国环境科学，1998 (6)：481 –485.

三、碳配额分配方法

面对碳减排目标，世界主要国家、机构都开始研究碳排放权的分配方法。国际上具有较大影响的有三种：温室气体排放发展权、全球紧缩与趋同、共同但有区别的责任。WWF 与 Ecofys 公司合作，基于这三种分配方法，利用 EVOC 模型和数据，详细对比和计算了不同方法的特征和数据，研究结果如表 6 – 2 所示。

围绕这三大主流方式，国际上也针对分配方法展开了广泛研究，大多从人口数量、历史累计排放责任、GDP 水平等方面展开研究。Kverndokk（1995）认为，按人口规模进行碳排放分配是较优的方案，且公平性和可行性更强。Bohm 和 Larsen（1994）运用人均净减排费用均等的方法进行配额，发现该方法有利于形成短期公平，而按人口分配的方案则有利于形成长久性公平。Janssen 和 Rotmans

表 6-2　三种分配方法对比分析

	优势	劣势
温室气体排放发展权（GDRS）	1. 使用历史排放和高于发展阈值的 GDP 进行区分 2. 使用一国富裕人口占比作为要求该国采取的行动的指标 3. 为减少国外排放而分配责任 4. 所有国家按同样规则参加 5. 通过全面的国际排放交易在发展中国家采用具有成本效益的排放选择	1. 将排放降低到 BAU 之下是假设 BAU 是公平的 2. 可能太简单并且没有考虑详细的国家环境
全球紧缩与趋同（C&C）	1. 强调共同终点，即相等的人均排放——不要求 BAU 2. 所有国家按相同规则参加 3. 简单、明确的概念 4. 通过全面的国际排放权交易在发展中国家采用具有成本效益的排放选择 5. 通过超额排放权支持最不发达国家	1. 目前人均排放是差异化的唯一标准，没有考虑历史责任的差别 2. 没有根据国家环境（包括历史责任）进行调整（调整是指一个区域中的任意国家可以根据国家情况重新分配指标） 3. 人均排放高的国家减排额大，这样的发展中国家也是如此 4. 最不发达国家也需要能参加排放以获得益处（国家温室气体库存和排放交易管理机构）
共同但有区别的责任（CDC）	1. 强调共同终点和通向它的相同路径，即相等的人均排放量——不需要 BAU 2. 使用简单规则，从而使方法透明 3. 非附件Ⅰ国家的推迟实施考虑了过去排放的责任 4. 排除"热空气"的影响（对低排放国家没有超额排放指标）	1. 人均排放是差异化的唯一标准，但非附件Ⅰ国家（特指《京都议定书》规定的附件Ⅰ中的国家）的推迟实施表明了历史责任的差异 2. 没有根据国家环境调整，除了人均排放和目前附件Ⅰ的成员资格 3. 可能太简单，并没有考虑具体的国家环境

资料来源：根据相关资料整理得到。

（1995）则认为现在的气候问题是温室气体历史排放累积造成的，因此应根据各国的历史排放责任进行分配。Baer 等（2010）对各国历史累积碳排放和各国

GDP 指标进行加权处理，构建 RCI 分配指标体系，对全球未来减排配额进行国际分配。徐玉高、郭元和吴宗鑫（1997）对考虑与不考虑各国历史排放这两种分配机制进行了研究，并以按人口、GDP、人口和 GDP 组合的分配方案对全球未来碳配额进行了分配。陈文颖和吴宗鑫（1998）在对重要国家的累积二氧化碳排放量进行估测的基础上，以人均分配为原则，分别对考虑、不考虑历史责任的分配量做出粗略计算，并指出人均原则是应该坚持的分配原则。

还有学者从公平性角度将三大主流分配方法进行结合，提出很多新的分配方案。Grubb 和 Sebenius（1992）将人口原则与历史责任原则进行整合，提出"混合型"原则，即部分按人口分配，其余配额按历史责任分配。Asami Miketa 和 Leo Schrattenhalzer（2006）选取人均碳排放量和碳强度指标，对 67 个国家和 9 个区域进行分配。王伟中（2002）以将大气二氧化碳浓度稳定在 650ppmv 为目标、2000 年为基年，以在此目标下的历史累积碳排放量作为分配总额，用人均分配方法对今后 100 年内发展中国家及发达国家的碳排放做了情景模拟与分析。阐明发达国家运用人均分配方法必须大力削减才能实现《京都议定书》中的承诺，相比之下，发展中国家只需不断地逐步使单位 GDP 的排放系数减少，就能够实现所应承担的义务。陈文颖等（1998）以"紧缩与趋同"为基础，提出"一个标准，两个趋同"，即到 2100 年全球各国人均碳排放量相等、1990～2100 年全球各国累积碳排放量相等，并运用该方案对不同排放限额情景下利用多方法得到的结果进行了比较分析。高广生（2006）比较了几种原则下的国际碳配额方案和从发展中国家角度提出两种针对国内的分配方案，提出除了要考虑累计排放等因素外，还应考虑地理气候条件、能源资源禀赋、产业结构、技术水平、国际成本和贸易等因素的影响。丁仲礼等（2009）通过分析证明"人均累计排放"最能够体现"共同而有区别的责任"，并以 1990 年为基准年，以 2050 年之前将二氧化碳浓度降低到在 470ppmv 为基准，计算了各国人均历史累积碳排放量和配额量。潘家华和陈迎（2009）从兼顾发展与公平的角度出发，提出碳预算方案，认为应综合考虑历史排放责任、现实发展需要及未来发展需求。Yi Wenjing 等（2011）基于公平性原则，采用人均 GDP、累计二氧化碳排放、单位工业增加值碳排放三个指标，建立了中国省际分配模型。

结合中国现有经济发展与碳排放情况，很多学者从不同角度建立了分配模型，并进行了实证研究。李陶、陈林菊和范英（2010）从减排成本角度，构建基于碳强度的减排成本估算模型，以全国减排成本最小为目标进行了省际配额分配。国务院发展中心课题组（2011）提出将碳强度目标转换为绝对量目标，根据"行业先进排放"和"地区人均"两重标准分配排放额度。Ke Wang 等（2013）用改进的零和收益数据包络分析优化模型提出了 2020 年中国省际排放限额分配方案。崔连标、朱磊和范英（2014）建立了基于碳减排贡献的分配方案，即某国对减排的贡献越大，能够获得的资金也就越多，这样所有的发展中国家也均能得到一定的减排基金及适应基金。

第三节　碳排放交易理论

一、碳交易理论的来源与发展

国际上关于碳交易的政策体制设计主要由环境经济的排污权交易发展而来。排污权交易最先是由美国经济学家 Dales（1968）提出来的，即政府测算出允许污染物排放的最大量，再将该允许排放量根据一定规则划分成若干份排污权，之后可以用不同方式将这些排污权分配给各排污企业，之后企业可根据自身情况将排污权在交易市场中进行买卖，这种方法能够以市场为基础，以市场机制来约束企业排污，从而达到保护环境的最终目的。1992 年的《联合国气候变化框架公约》是全球第一个控制温室气体排放的基本框架，1997 年的《京都议定书》是《联合国气候变化框架公约》的补充条款，从 2005 年 2 月 16 日开始生效，是全球第一次以法律来控制温室气体排放。《京都议定书》中提出：允许两个发达国家之间进行"排放权交易"，这是首次正式提出"碳交易"概念。

目前应用最为广泛的是欧盟气体排放指标交易机制，很多学者对此进行了深入研究：Hepburn 等对拍卖机制进行了多角度的深入分析；Boemare 和 Quirion（2002）详细研究了免费分配、拍卖分配两种方式的履约状况；Cramton 和 Kerr（2002）则论证了拍卖分配方式要优于免费分配方式；Pezzey（2003）深入比较了三种分配方式的长期效应。还有很多学者对交易价格、成本等方面进行了深入研究：Alberola 等（2009）对 ETS 中影响交易价格的因素进行了研究；Daskalakis 等（2009）研究分析了交易价格的变化规律；Stavins（1995）认为交易成本使市场碳价与边际减排成本不相等；Gandgadharan（2000）认为虽然交易成本在交易初期起着较为重要的作用，但随着市场的不断成熟，其影响也会逐渐减弱。

二、我国对于碳交易市场的探索

随着我国工业化进程的不断推进，未来我国很可能会面临碳排放权资源稀缺这一问题，也就会需要从外部买入指标。因此，我国也在逐步构建碳交易市场体系，通过开展自愿减排积累碳交易经验，熟悉市场程序和运行机制等关键内容，提高在国际碳交易中的话语权（丁浩、张朋程、霍国辉，2010）。中国尚处于碳交易市场建设的初级阶段，虽然已经在多个省市开展了试点工作，但仍面临着诸多问题，现有的大部分对于我国碳交易市场的研究都集中在对我国建设碳交易市场的可行性分析及政策建议的提出上（杜彬，2013）。江峰和刘伟民（2009）运用 SWOT 方法分析了我国建立碳交易市场的优势和劣势。傅强和李涛（2010）指出，我国建立全国性的碳交易市场迫在眉睫，并阐述了相应的路径选择。

也有不少学者基于对国外碳排放权交易市场的研究来为我国提供经验与借鉴。张晓涛和李雪（2010）通过对比研究国际与我国的碳交易市场发展现状，认为我国的碳交易市场应分两步建立：第一步是建立碳排放权的现货交易市场，为发展阶段；第二步是建立碳排放权的期货交易市场，为完善阶段。于同申、张欣潮和马玉荣（2010）则提出了"三步走"战略：第一步为战略启动；第二步为参与主题与产品多元化；第三步为市场化。王留之和宋阳（2009）通过分析全球碳交易市场发现，许多发达国家积极参与碳交易也得到了较大收益。因此，我国也应通过增加新金融产品、创新模式,着力发展碳金融市场,改善我国在全球碳交易中的被动处境。杨枝煌(2012)认为,配额许可交易制度是应对气候变化问题的政策所向,也是改善我国对外贸易现状的有效途径,因此,我国应建立并完善碳交易市场体系及相应的监督、惩戒机制,使我国向贸易强国发展。崔连标等(2013)深入分析了对实现我国"十二五"减排目标,碳交易在节约成本方面的效应,并计算了三种情境(无碳交易市场、仅包括六个碳交易试点的碳交易市场、全国范围碳交易市场)的减排成本,发现全国范围碳交易市场下减排成本最低。宋德勇和刘习平(2013)提出,应该针对不同地域和经济发展的实际情况,实施有差别化的减排政策;制定碳排放指标,并按照年度进行分解,建立区域性的碳排放交易市场,实施可行的碳税政策。史亚东和钟茂初(2010)认为,碳交易相当于贫困地区将自己的发展权利转卖给了发达地区,使其得到更多发展空间,却可能加剧区域发展不平衡的问题,因此,应适当开展区域补偿使资源与利益得到再分配,既有利于缓解区域发展失衡问题,也能更好地促进社会公平。朴英爱(2010)认为,在短期内我国可以采用免费分配的方式,但为了形成合理的经济秩序则应该尽早开始采用拍卖分配的方式。

现有文献大部分集中在对我国建设碳交易市场的可行性分析及政策建议的提出上,对区域性碳交易市场研究较少。现阶段应该结合各地实际情况,以建立区域性碳交易市场为支撑,逐步形成合理的市场价格,为推动建立全国性碳交易市场累积经验。

第七章 京津冀能源消费碳排放与控制目标分析

第一节 京津冀能源消费碳排放的测算

明确地界定能源消费碳排放的核算范围、确定合理的能源消费碳排放计算方法是分析京津冀区域能源消费碳排放现状的基础，也是开展区域碳排放量分配的先决条件。

一、核算基础与范围界定

本书从各行业的终端能源消费量出发，对能源转换损失的部分也进行了核算，最终得到各行业按终端能源消费计算的二氧化碳排放量，从而使得各行业排放量之和与我国化石能源的燃烧排放量一致。因此，在此基础上的碳排放总量的分解也是按最终消费分解的，体现了谁消费谁负责的原则（向其凤，2013）。

能源消费总量是指一定时期内，全国各行业和居民生活消费的各种能源的总和。该指标是观察能源消费水平、构成和增长速度的总量指标。能源消费总量包括原煤和原油及其制品、天然气、电力，不包括低热值燃料、生物质能和太阳能等的利用。能源消费总量分为终端能源消费量、能源加工转换损失量和能源损失量三部分。本书在计算京津冀能源消费碳排放量时，为避免直接利用一次能源所造成的误差，而采用《中国能源统计年鉴》中各省市的终端能源消费量数据来计算碳排放量。

二、核算方法及数据来源

为了避免重复计算的误差，本书采用终端能源消费量数据来计算京津冀地区及全国因能源消费活动而产生的碳排放量。选取能源消费中三种主要的能源品种：煤炭、石油、天然气。不同能源消费总量折算成标准煤。碳排放量的测算公式选取 IPCC 报告中的权威性公式，如式（7-1）所示，式中相关参数的取值如表 7-1 所示，其中，煤炭的碳排放相关系数由原煤、洗精煤和焦炭的平均值决定，石油的碳排放相关系数由汽油、煤油、柴油、原油和燃料油的平均值确定。

$$C = \sum E_i \times F_i \times K_i \qquad (7-1)$$

其中，C 为能源消费引起的碳排放；E_i 为终端能源消费的第 i 类能源的消费量（实物量）；F_i 为第 i 类能源折标煤系数；K_i 为第 i 类能源碳排放系数。碳排放系数是指燃烧化石能源释放出的热量所对应的碳量。

表 7-1 各类能源折标煤系数和碳排放系数

能源种类	折标煤系数 （万吨标准煤/万吨）	碳排放系数 （吨碳/吨标准煤）
煤炭	0.7143	0.7559
焦炭	0.9714	0.8550
原油	1.4286	0.5857
汽油	1.4717	0.5538
煤油	1.4717	0.5714
柴油	1.4571	0.5921
燃料油	1.4286	0.6185
天然气	1.33（千克标准煤/立方米）	0.4483

资料来源：《中国能源统计年鉴》（2012）。

第二节 京津冀能源消费碳排放特点分析

一、京津冀能源消费现状分析

京津冀地区 2003～2011 年的能源消费水平如图 7-1 所示,该期间京津冀能源消费量呈现逐年增长趋势,其中,煤炭消费量所占比例最大,2011 年占到总能源消费量的 64%,其次是焦炭,占到总量的 15%,电力、原油各占到 7%,其余汽油、煤油、柴油、燃料油及天然气均占比不到 2.5%。说明煤炭和焦炭依然是京津冀区域主要的能源来源。

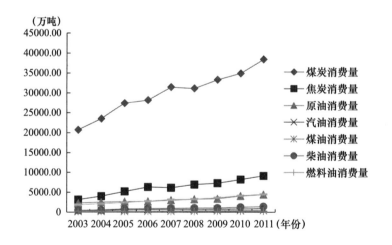

图 7-1 2003～2011 年京津冀能源消费水平

资料来源:《中国能源统计年鉴》(2012)。

2003～2011 年,京津冀区域能源消费总量呈上升趋势,原因是能源消费增长是工业增长造成的必然趋势,但由图 7-2 可知,京津冀各地区的能源消费增长率总体上呈现波动下降趋势。北京市的增长率最低，其次是河北省、天津市。

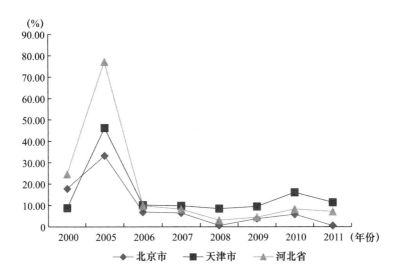

图 7 – 2　2000 ~ 2011 年京津冀能源消费增长率

二、京津冀能源消费碳排放量水平分析

通过计算可得 2003 ~ 2011 年京津冀三地的能源消费碳排放量，如表 7 – 2 所示。

表 7 – 2　2003 ~ 2011 年京津冀能源消费碳排放量

年份 地区	2003	2004	2005	2006	2007	2008	2009	2010	2011
北京市（万吨）	2946	3292	3377	3466	3683	3737	3830	3882	3613
天津市（万吨）	2891	3281	3521	3752	3989	3972	4271	5194	5698
河北省（万吨）	11254	13128	16337	17638	19236	20107	21446	23084	26106
总计（万吨）	17091	19701	23235	24856	26908	27816	29547	32160	35417

由图 7 - 3、图 7 - 4 可知，2003 ~ 2011 年，虽然京津冀地区碳排放总量一直呈上升趋势，但是减排效果也较为显著，2011 年京津冀地区总体的碳排放量增长率较 2004 年已经大幅下降。其中，北京市减排效果最为显著，碳排放增长率持续下降，甚至在 2010 年之后降为负值，同时天津市增长率出现一定的波动，河北省却出现了反弹的趋势。但总体曲线与河北省曲线较为接近，说明河北省对整个区域的影响还是很大的，因此工作重点依然应该放在河北省产业结构优化升级方面。

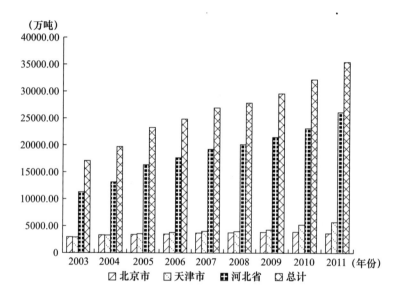

图 7 - 3　2003 ~ 2011 年京津冀碳排放量变化情况

由图 7 - 5 可知，京津冀总体碳排放量占全国的比重在 2003 ~ 2011 年增幅很小，说明京津冀区域性碳减排工作取得了一定成效，在 GDP 快速增长的同时，没有更大规模地产生碳排放。其中，依然是北京的比重持续下降，天津市趋于平稳，河北省小幅度上升。

三、京津冀能源消费人均碳排放水平与碳强度分析

由图 7 - 6 可知，天津市的人均碳排放量高于河北省及北京市。虽然河北省

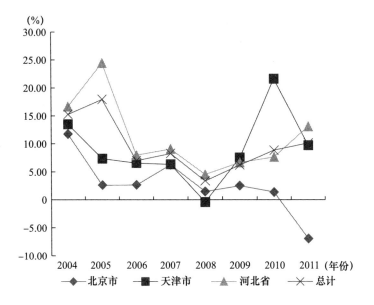

图 7 - 4　2004 ~ 2011 年京津冀碳排放量增长率变化情况

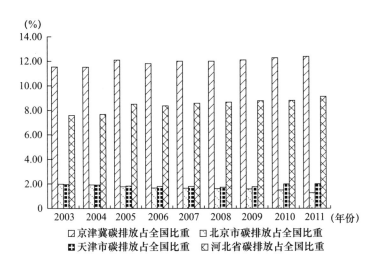

图 7 - 5　2003 ~ 2011 年京津冀碳排放占全国比重情况

的总体碳排放量要高于天津市、北京市，但是河北省人口基数较大，相对而言，
天津市的人均碳排放量要高出很多，但是河北省的人均碳排放增幅较大，已经逐

渐接近于天津市水平。北京市的人均碳排放量从 2005 年之后呈现出持续下降的趋势，与天津市、河北省呈现出相反的增长趋势。

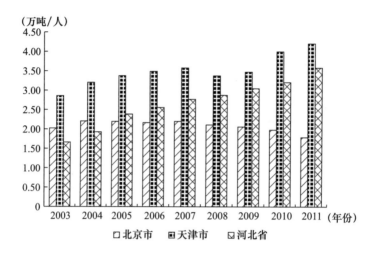

图 7-6 2003~2011 年京津冀人均碳排放变化情况

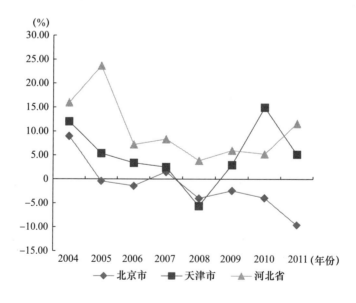

图 7-7 2004~2011 年京津冀人均碳排放增长率变化情况

同时由图 7-7 也可以看出,人均碳排放增长率与各地区的碳排放增长率保持了一致性,在 2008 年三地达到相邻几年的最低值,大部分原因归于 2008 年的经济危机,之后各地开始呈现上升趋势,天津市的增势较快,且波动也较大;北京市在微幅增加后基本维持了持续下降的趋势,河北省依然呈现波动上升趋势。

四、京津冀能源消费碳排放与经济发展水平分析

从京津冀整体情况来看,地区生产总值与能源消费碳排放量之间表现出较强的关联性与同步性,均呈现稳定上升趋势。2008 年的京津冀地区生产总值是 2005 年的 1.62 倍,到 2011 年时,已经达到 2005 年的 2.49 倍;而 2008 年的京津冀能源消费碳排放量是 2005 年的 1.20 倍,2011 年时是 2005 年的 1.52 倍,明显说明京津冀地区生产总值的增势要快于碳排放量的增势。京津冀地区生产总值的增长率与能源消费碳排放量增长率之间也呈现出一定的同步性。2005 年,国家开始制定了一系列的控制能源消费、降低碳排放的政策措施,一定时期内使能源消费量增速与其碳排放的增速下降,受经济危机影响,二者在 2008 年附近都出现了明显的波动下降趋势,2008 年之后开始上升,尤其是地区生产总值的增长率,在国家一系列保增长、促发展的政策支持下,得到了快速回升,相对碳排放量的增长率增势较为平稳。如图 7-8 所示:

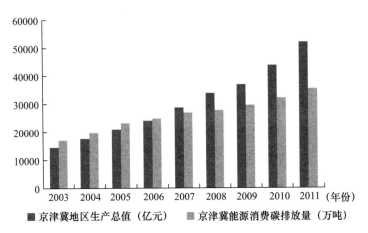

图 7-8　2003~2011 年京津冀地区生产总值与能源消费碳排放量对比情况

由图 7-9 可知，从北京市自身情况来看，地区生产总值增势良好，2008 年地区生产总值是 11115 亿元，是 2005 年 6969.52 亿元的 1.59 倍，2011 年达到 16251.93 亿元，是 2005 年的 2.33 倍。同时，能源消费碳排放量发展趋势比较稳定，始终低于 4000 万吨，2008 年的碳排放量是 2005 年的 1.11 倍，2011 年也只是 2005 年的 1.07 倍，说明北京市的碳减排工作取得了较好的效果，在生产总值稳步增长的同时，没有造成更严重的碳排放污染。

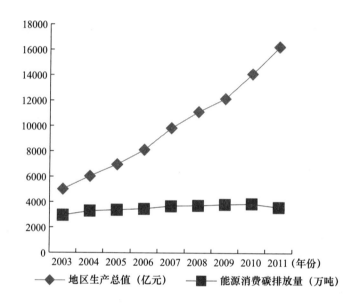

图 7-9 2003~2011 年北京市生产总值与能源消费碳排放量对比情况

由图 7-10 可知，以天津市自身情况来看，地区生产总值增势更加良好，天津市 2008 年的地区生产总值 6719.01 亿元是 2005 年 3905.64 亿元的 1.72 倍，2011 年达到 11307.28 亿元，是 2005 年的 2.90 倍。同时能源消费碳排放量发展趋势也呈现出稳定增长的态势，但增长率明显低于地区生产总值的增长率，2008 年的碳排放量是 2005 年的 1.13 倍，而 2011 年时达到 2005 年的 1.62 倍，说明天津地区的减排工作虽然取得了一定的效果，但是依然需要继续加大减排力度，降低碳排放量的增长率。

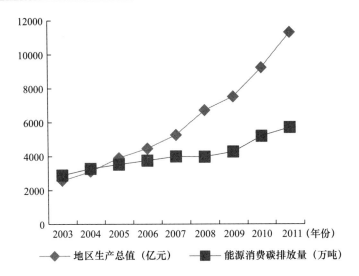

图 7 - 10　2003 ~ 2011 年天津市生产总值与能源消费碳排放量对比情况

由图 7 - 11 可知，从河北省自身情况来看，地区生产总值增势也较为良好，2008 年的地区生产总值是 16011. 97 亿元，是 2005 年 10012. 11 亿元的 1. 60 倍，2011 年达到 24515. 76 亿元，是 2005 年的 2. 45 倍。同时，能源消费碳排放量发展趋势也呈现出稳定增长的态势，但增长率低于地区生产总值的增长率，2008 年的碳排放量是 2005 年的 1. 23 倍，而 2011 年达到 2005 年的 1. 60 倍，说明河北地区的碳减排工作虽然取得了一定的效果，但是河北省是工业重省，碳排放量始终处在一个较大的基数上，所以今后需要加强减排力度，降低碳排放量的总基数。

由图 7 - 12 可知，京津冀地区总体的碳强度水平整体上呈现下降趋势，2003 ~ 2011年，碳强度从 1. 18 吨二氧化碳/万元下降到 0. 68 吨二氧化碳/万元，下降了42. 4% 。从各地自身的层面上看，北京市的碳强度一直保持下降态势，而天津市、河北省则一直保持增长态势，且天津市的碳强度始终高于河北省，碳强度高低不表明效率高低。一般情况下，碳强度指标是随着技术进步和经济增长而下降的，这说明天津市、河北省依然需要继续加大减排力度、提高经济增长。

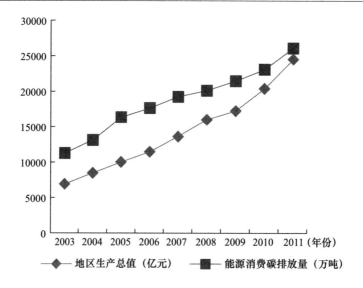

图 7 - 11　2003~2011 年河北省生产总值与能源消费碳排放量对比情况

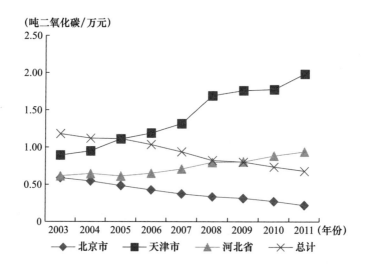

图 7 - 12　2003~2011 年京津冀能源消费碳强度变化情况

从发达国家的低碳实践来看，人类活动造成碳排放量增加的过程一般有四个阶段：①碳排放总量、人均碳排放量及碳排放强度都持续增长，属于工业初级化阶段；②碳排放和人均碳排放量增长，但碳排放强度达到峰值，属于工业化中期阶段；③碳排放总量继续保持增长，但人均碳排放量达到峰值，且碳排放强度继续下降，属于工业化后期阶段；④碳排放总量达到峰值后继续下降，属于后工业化社会阶段（向其凤，2013）。由图7-9至图7-12可知，京津冀区域总体上并没有进入第四阶段，只有北京市进入了第三阶段，天津市和河北省仍处于第二阶段的发展过程中。由此可见，京津冀区域中各地区在碳排放发展上具有一定的差异性，所以从总体上建立京津冀区域碳排放分配模型有助于区域的整体性可持续发展。

第三节　京津冀能源消费碳排放分配对象分析

一、碳排放控制方法

强度控制与总量控制的主要差别在于，强度控制在控制期间二氧化碳排放总量还可以继续上升，是相对于正常情况的相对减排，控制的关键是对排放增量和增速的限制，并最终实现总量减排。GDP将碳强度目标与碳排放总量目标联系起来，即当碳强度以比增长小的幅度降低时二氧化碳排放总量仍然会上升，唯有碳强度比增长更大的幅度降低时，才会实质上从总量上削减碳排放。碳强度控制目标是向总量控制目标的过渡阶段，给予经济充分调整的时间，总量控制是未来发展趋势。

碳强度控制并不一定会使碳排放总量降低，当经济增长快于碳排放总量增长时，即使碳强度是降低的，碳排放总量仍然上升，也就是说，碳强度控制并不能从根本上减少碳排放，仅仅是在保证经济增长下的一种折中方案，而碳总量控制方法的出发点就是碳减排，它才能真正实现碳排放总量的减少。但是由于引起碳排放的原因是化石能源的大量使用，而化石能源作为占比最高、获取成本最低廉的能源，在世界各国的能源消费结构中都占有很高的比例，随着经济社会的进步，化石能源的使用会进一步增加，这也会造成碳排放总量的上升，可见，碳排放总量的控制和经济快速增长的目标之间是存在一定程度的矛盾的。经济作为一个国家综合国力的重要体现，任何国家都不会愿意以牺牲经济增长来减少碳排放，所以碳排放总量控制的目标实施起来更艰难。碳强度控制目标允许碳排放总量随经济增长而上升，但是需要通过技术进步和能源使用效率的提高来使碳排放总量上升的速度逐步缓和，这种方式给予了国家更多的发展空间，容易被大家所接受。

二、碳强度下降控制目标

2009年召开的哥本哈根会议上各参与国探讨了"共同但有区别的责任"的相关问题，各利益方对待该问题都坚持各自的立场，发达国家与发展中国家都有理由认为对方应该为全球减排问题承担更多责任。我国的主要观点是：发展中国家的工业化进程必然会带来碳排放增加，这是不可避免的，但是从公平角度来看，在全球贸易中，中国始终处于贸易逆差地位，同时作为加工大国代替很多发达国家承担了它们理应承担的碳排放，而我国也一直在认真、积极地承担相应的义务。温家宝在该次会议上还发表了题为《凝聚共识 加强合作 推进应对气候变化历史进程》的重要发言，表明中国积极致力于应对气候变化问题的重要立场，并明确提出了减排目标，即"到2020年碳强度比2005年降低40%~50%"。提出这一目标旨在希望通过调整经济结构和技术进步等方式来提高碳生产力，同时还能保障我国经济的健康增长。

虽然碳强度目标是一个相对减排指标，但实际上对我国自然增长的碳排放总量也进行了约束和限制，在没有碳强度目标下，我国碳排放总量按自然条件增长必然会达到一个高出有碳强度目标约束的总量水平。这说明碳强度控制目标和碳总量控制目标有一定的联系。通过目标可以计算出2020年的碳强度要求，如表7-3所示。

三、碳强度约束下总量控制目标

2010~2020 年经济年均增速应为 7.18%，2011 年京津冀地区已实现总体增速 19.8%，各地增速分别为 15.15%、22.58%、20.21%。根据中共十八大报告中提出的"确保到 2020 年实现国内生产总值和城乡居民人均收入比 2010 年翻一番"的发展目标，由此可以预见，我国在 2020 年实现 GDP 翻一番是完全有可能实现的。2010 年京津冀地区总体 GDP 为 43732.3 亿元，由此可推测出 2020 年区域总体 GDP 为 87464.6 亿元。

京津冀地区的能源消费碳排放总量已经根据前面的公式计算得到，碳排放强度等于能源消费二氧化碳排放总量与 GDP 相除，于是可以得到 2005 年和 2010 年的 GDP、能源消费碳排放量及碳排放强度。根据 2020 年全国碳强度比 2005 年降低 45% 的目标，可以计算得出 2020 年京津冀地区的碳强度为 0.61 吨二氧化碳/万元，再根据 2020 年全国 GDP 比 2010 年翻一番的目标，可以得到 2020 年的 GDP 为 87464.6 亿元，将 2020 年 GDP 与年碳强度相乘可以得到 2020 年京津冀地区能源消费碳排放总量目标为 53516.77 万吨。可见，在碳强度约束下，全国碳排放总量比经济增长幅度更小。计算结果如表 7-3 所示。

表 7-3　2020 年目标排放量计算值

地区 \ 指标 \ 年份	地区生产总值（亿元）		碳排放量（万吨）		碳强度（吨二氧化碳/万元）	
	2005	2020（目标）	2005	2020（目标）	2005	2020（目标）
北京市	6969.52	28227.16	3377.90	7524.43	0.48	0.27
天津市	3905.64	18448.92	3521.55	11253.61	1.11	0.61
河北省	10012.11	40788.52	16337.36	13748.15	0.61	0.34
总计	20887.27	87464.60	23236.81	53516.77	1.11	0.61

第八章 京津冀区域产业协同
发展效应分析

区域产业协同发展不是地区间简单的产业转移，也不是将高能耗、高污染企业转向发展相对落后的区域，而是将符合各地区定位、在助力地区产业转型的同时又能促进区域产业协同发展的企业、产业进行合理的转移，同时在这一过程中实现产业结构优化，形成协同创新共同体，强化创新在产业发展中的支撑作用，打造一批集中的新兴产业带，在支持新兴技术发展、改造并提升传统产业、优化升级存量产业的同时，将重心放在新兴产业增量层面，协同提升新兴产业集群，营造以创新为驱动力的新经济圈，创造新的经济增长点。产业转移综合效应包括对转入地、转出地的效应，同时也包括正效应和负效应。本书将现有的相关研究成果主要总结为如图8-1所示。

第一节 京津冀区域产业结构现状

从京津冀2002~2011年的三次产业结构的发展情况看，第一产业、第二产业占GDP比重均逐年下降，而第三产业比重逐渐增加。北京市第三产业占据绝对优势，已从传统制造业转向现代服务业，其2011年第三产业产值已占到全市

GDP 的 76.1%，产业格局为"三、二、一"。天津市第三产业比重为 45.3%，产业格局为"二、三、一"。河北省的工业发展带动了第二产业的经济增长，并成为主导产业，2011 年产值占全市 GDP 的 53.54%，第三产业为 34.61%，产业格局为"二、三、一"。

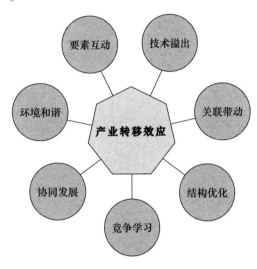

图 8 - 1　产业转移综合效应

资料来源：王建峰．区域产业转移的综合协同效应研究——基于京津冀产业转移的实证分析［D］．北京交通大学博士学位论文，2012：41 - 64.

一、京津冀产业转移现状

产业转移是京津冀区域实现资源优化配置的必然选择，可以进一步深化并完善京津冀产业链建设，发挥各自优势，逐步形成地域分工合理、产业连接紧凑的区域产业链优势布局（王建峰、卢燕，2013）。本书选用产业转移综合效应来反映产业转移与产业协同对地区的综合影响。

作为我国三大经济圈之一，京津冀区域协同发展问题不断引起各界的重视。2013 年 3 月，京津签署了加强经济社会发展合作的协议；5 月，河北省与北京市、天津市签署合作框架，包括京冀共同推动首都经济圈规划，与津拓宽金融合作领域等重点内容，京津冀区域发展步入新阶段。

京津产业协作形势较好。2013年3月，天津市出台"借重首都资源促进天津发展"的行动方案，与北京市在16个方面全方位进行对接，这也标志着京津由各自为政转向全面合作，成为历史新起点，并取得了丰硕成果。

京冀自1990年就已经开始出现产业转移，如首钢、北京焦化厂、第一机床厂等一批企业开始将部分生产环节向河北省周边地区转移。2011年起，张家口怀来新兴产业示范园区已经对52家企业进行招商并签约，其中大部分都是中关村的中小企业。2014年3月13日，石家庄市政府与北京首都农业集团有限公司在京签约，确定将在新乐境内新建河北三元工业园。2014年4月16日，央企新兴际华集团下属子公司北京凌云公司整体搬迁至河北省邯郸武安市。2014年2月和4月，北京市经信委公布和确定了2014年首批和二批调整退出工业企业的奖励名单，一部分将落户河北省，其中，作为北京市的明星企业——首钢股份有限公司（第一线材厂）将搬迁到河北迁安。

津冀的产业转移是呈现双向互动趋势的。2013年5月20日，天津市与河北省签署合作框架协议，协议中明确提出支持天津市企业在河北省环津地区建立天津产业转移园区。2013年5月18日河北省保定市、安国市与天津市天士力控股集团签署协议，双方将共同建设安国中药都。2011年8月25日，河北省长城汽车位于天津市滨海新区的重要生产基地正式启用。2011年3月，位于保定市的英利集团投资100亿元在天津市宁河建设光伏产业基地（张贵、王树强、刘沙、贾尚键，2014）。

二、京津冀工业产值份额分析

根据已有文献的相关成果，本书通过工业产值份额反映各地产业转移的总体情况，将该区域当年的工业总产值作为100，各地各行业工业产值占区域总额的比重作为其工业产值份额。京津冀工业产值份额计算结果如表8-1所示。

将表8-1中数据绘制成折线图可以更加清晰地看出三地的产值份额变化情况，如图8-2所示。

表 8 - 1　1999～2011 年京津冀工业产值份额

年份\地区	北京市（%）	天津市（%）	河北省（%）
1999	19	24	57
2000	30	31	39
2001	31	32	37
2002	31	29	39
2003	28	30	41
2004	27	29	44
2005	28	27	45
2006	27	28	45
2007	26	27	46
2008	23	27	50
2009	23	27	50
2010	23	27	50
2011	19	28	53

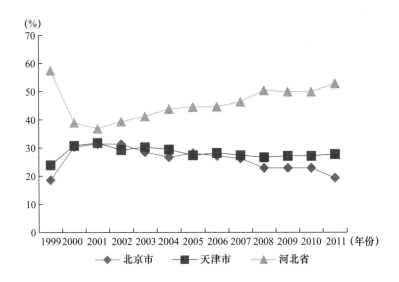

图 8 - 2　1999～2011 年京津冀工业产值份额变化

从表 8-1 中可以看出，在 2001 年之前，天津市、北京市的工业总产值份额不断提升，说明该地区有较为明显的产业集聚趋势，但 2001 年以后开始出现比较明显的下降趋势，总体上呈现倒 "U" 型，可以说明这两个地区已开始将部分产业逐步向外转出。河北省工业总产值份额在 2001 年之后一直呈现出较为明显的上升趋势，说明该类区域产业逐渐集聚与转入，总体上呈现为先降后升的 "U" 型特征。

由表 8-2 可知，目前，京津、津冀某些优势产业存在较高的相似性，有产业趋同现象，产业间竞争度也较高；京冀之间相似性较低，产业差异较为明显，产业间协作度较高，两地之间的转移产业主要以传统的制造业为主，转移企业以资源消耗型为主，地区也主要集中于相邻或相近的城镇边缘地区。京津冀区域产业转移协调机制模式如图 8-3 所示。近些年在国家政策的引导下，京津冀区域内的产业转移已经由梯度转移为主逐渐转变为以城市功能为主，产业分工、产业创新及产业转移并行，逐渐形成了以技术 "进链"、企业 "进群"、产业 "进带"、

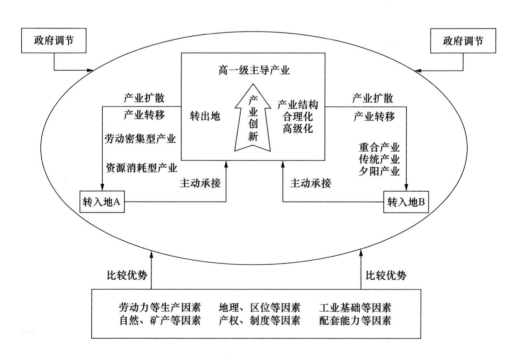

图 8-3 京津冀区域产业转移协调机制

表8-2 京津冀各行业产值份额

地区 行业	北京市（%）	天津市（%）	河北省（%）
煤炭开采和洗选业	23	31	46
石油和天然气开采业	8	79	13
黑色金属矿采选业	9	3	88
有色金属矿采选业	—	—	—
非金属矿采选业	—	—	—
其他采矿业	—	—	—
农副食品加工业	12	20	68
食品制造业	15	45	40
饮料制造业	28	22	50
烟草制品业	/	/	/
纺织业	6	6	88
纺织服装、鞋、帽制造业	18	37	46
皮革、毛皮、羽毛（绒）及其制品业	1	3	96
木材加工及竹、藤、棕、草制品业	6	8	86
家具制造业	22	20	58
造纸及纸制品业	10	22	69
印刷业和记录媒介的复制	38	13	49
文教体育用品制造业	12	47	41
石油加工、炼焦及核燃料加工业	21	30	49
化学原料及化学制品制造业	11	34	55
医药制造业	34	25	41
化学纤维制造业	/	/	/
橡胶制品业	5	25	70
塑料制品业	10	30	60
非金属矿物制品业	19	12	70
黑色金属冶炼及压延加工业	1	23	75
有色金属冶炼及压延加工业	8	52	40
金属制品业	9	31	60
通用设备制造业	20	28	52
专用设备制造业	27	29	43

续表

地区\行业	北京市（%）	天津市（%）	河北省（%）
交通运输设备制造业	40	34	26
电器机械及器材制造业	25	26	48
通信设备、计算机及其他电子设备制造业	46	47	7
仪器仪表及文化、办公用机械制造业	53	29	18
工艺品及其他制造业	39	27	34
废弃资源和废旧材料回收加工业	5	65	31
电力、热力的生产和供应业	42	12	46
燃气生产和供应业	56	23	21
水的生产和供应业	41	32	27

园区"进圈"为主线的总体思路，以及"项目带动、企业拉动、集群驱动、产城互动、区域联动"的新格局（张贵、王树强、刘沙、贾尚键，2014）。

第二节　区域产业转移综合效应模型的构建

区域产业转移效应主要体现在以下几个方面：一是转入地、转出地的优势要素能够有效、合理地流动，真正实现优势互补；二是地区间基于市场经济导向的经济、技术合作能够实现，形成全面互助的区域经济关系；三是区域内对于资源的开发利用及治理和保护能够统筹规划，使社会和自然能够和谐发展（王建峰，2012）。

一、经典模型

知识溢出理论中的生产函数既能体现空间地理特征，同时又能使用变量近似表示出知识的投入产出，因此被广泛地应用到各领域的研究中。经济地理中的这种区域研究方法同样也可以引入区域产业转移的研究中。由于产业转移与知识转移具有较为相似的产生和运行机理，而且相比知识转移，产业转移的有关数据具有显性的特点，因而更容易获得，我们可以运用知识转移相似的研究方法来研究产业转移问题（王建峰，2012）。

1. 凯尼尔斯模型

凯尼尔斯（2000）运用中心地理论研究区域知识溢出问题，在伯特·弗森伯格（1991）的知识溢出模型基础上，引入空间因素，构建地区 i 接受地区 j 的知识溢出效应修正模型，如式（8-1）所示：

$$S_{ij} = \frac{\delta_i}{\gamma_{ij}} e^{-\left(\frac{1}{\delta_i}G_{ij} - \mu_{ij}\right)^2} \tag{8-1}$$

其中，S_{ij} 为地区 i 接受地区 j 的知识溢出效应；δ_i 为地区 i 的学习能力；γ_{ij} 为地区 i 与地区 j 的地理距离；G_{ij} 为地区间的知识势差；G_i、G_j 分别为两地区的知识存量；μ_{ij} 为地区之间的技术追赶系数，是实现知识溢出后两地区的知识势差。

2. 朱美光的知识溢出模型

朱美光基于区域知识能力视角，对原凯尼尔斯模型中的技术距离、知识存量和知识学习能力进行替代或改进得到新的修正模型，如式（8-2）所示：

假设研究系统中有 k 个区域，有：

$$S_i = \sum_{j=1}^{k-1} \frac{(E_i \times E_j)^e (F_i \times F_j)^h \delta_i x^{w_{ij}}}{R_{ij}} e^{-\left(\frac{1}{\delta_i}G_{ij} - m_i\right)^2} \tag{8-2}$$

其中，δ_i 为区域 i 的知识吸收能力；G_{ij} 为两区域间知识能力差距；G_i、G_j 分别为区域 i 和区域 j 的知识能力综合评价值，G_i、G_j 的计算为熵权矢量优属度综合评价方法。有 G_i、$G_j \in [0, 1]$；当 G_i、$G_j = 0$ 时，区域知识能力的评价各项指标均处于评价系统中的最差状态；当 G_i、$G_j = 1$ 时，区域知识能力的评价各项指标均处于评价系统中的最优状态；R_{ij} 是考虑区域邻近度的地理距离；ξ_{ij} 为区域邻近的影响强度，$\xi \in [0, 1]$，$\xi = 0$，区域壁垒无穷大，区域间无法形成知识扩散；$\xi = 1$，表示不存在壁垒，知识溢出不受区域邻近因素影响；W_{ij} 表示区域邻近度。如果区域 i 与区域 j 相邻，则 $W_{ij} = 1$；如果区域 i 与区域 j 需要通过 1 个中间区域才能相邻，则 $W_{ij} = 2$；以此类推。E_{ij} 表示区域信息便利性；ε 信息便利程度对知识吸收效率影响系数，有 $\varepsilon \in [0, 1]$；当 $\varepsilon = 0$ 时，E_{ij} 不会对区域知识吸收效应产生影响；当 $\varepsilon = 1$ 时，E_{ij} 影响最大。F_{ij} 表示区域交通便利性；η 表示交通便利程度对知识吸收效率的影响系数。$\eta \in [0, 1]$；当 $\eta = 0$ 时，F_{ij} 不会对区域知识吸收效应产生影响；当 $\eta = 1$ 时，F_{ij} 影响最大（朱美光，2007）。

二、修正模型

在朱美光（2007）、王建峰（2012）等研究成果的基础上，本书构建出区域产业转移综合效应模型，如式（8-3）所示：

$$Z_{ij} = \frac{F_{ij}^{\eta} H^{\varepsilon} \delta_i \xi_{ij}^{W_{ij}}}{D_{ij}} e^{-\left(\frac{1}{\delta} G_{ij} - \mu_{ij}\right)^2} \qquad (8-3)$$

系统中有 k 个区域，那么有模型如式（8-4）所示：

$$Z_{ij} = \sum_{j=1}^{k-1} \frac{F_{ij}^{\eta} H^{\varepsilon} \delta_i \xi_{ij}^{W_{ij}}}{D_{ij}} e^{-\left(\frac{1}{\delta} G_{ij} - \mu_{ij}\right)^2} \qquad (8-4)$$

其中，Z_{ij} 表示地区 i 向地区 j 进行产业转移的综合效应；F_{ij} 表示地区 i 与地区 j 的交通、信息便利程度；η 表示交通、信息便利程度的影响系数；H 表示两地区在该产业上的互补性测度值；ε 表示产业互补性的影响程度；δ_i 表示地区 i 对产业转移的承接能力；D_{ij} 表示地区 i、j 的地理距离；ξ_{ij} 表示区域邻近的影响强度；W_{ij} 表示区域邻近度；G_{ij} 表示地区 i 与地区 j 的产业梯度差；μ_{ij} 表示产业追赶系数，即实现产业转移后两地区该产业的梯度差。

第三节　京津冀区域产业转移综合效应分析

本章主要以协同论理论作为基础，结合空间知识经济溢出理论，构建了京津冀区域产业转移综合效应模型，从产业梯度系数、区域产业结构互补性、信息交通便利性度量、产业转移承接能力测度四个方面综合分析京津冀区域产业转移的综合效应。

一、产业梯度系数

梯度的概念最早来源于区域经济学。张可云（2001）认为，梯度是一个范围较大的整体性概念，它主要包括经济梯度、产业梯度、社会梯度和文化梯度等，产业梯度是区域经济梯度中最为核心的部分。戴宏伟（2003）后来再次界定了产业梯度的内涵，他认为，产业梯度是因为国家或地区间生产要素差异、技术差距、产业分工不同而在产业结构水平上形成的阶梯状差距。京津冀区域中，北京市和天津市在资金、技术、信息等要素上具有明显优势，拥有大量的科技企业、高校资源、金融机构，但其自然资源极其匮乏，尤其是土地资源，很多企业受生产空间的限制，无法继续扩大规模；河北省的劳动力资源、自然资源却尤为丰富，河北省毗邻京津，交通便利，有大量的土地资源有待开发，而且成本较为低廉，可以为很多京津企业提供生产基地，但是缺少科技、资金的有力支持，很多企业技术创新不够，产生高排放的同时却没有获得同等价值的经济收益，从而造成了资源的浪费和严重的环境污染。因此，可以通过生产要素的跨地区转移，实现生产要素禀赋上的互补，促进京津冀区域产业转移和协调发展。

1. 产业梯度系数的测算方法

戴宏伟（2003）认为，区位商只能反映产业专业化水平，却忽略了劳动生产率的区域差异对产业成长的影响，并认为产业梯度高低是产业集中度和劳动生产率共同决定的，可以用二者乘积来衡量产业梯度的大小，该方法在国内区域产业梯度转移研究中使用比较广泛。熊必琳等（2007）认为，上述方法虽然考虑了劳动力、技术两个生产要素，但是忽略了资本要素。因为资本和劳动力是互为替代关系的要素，而上述方法无法准确地反映资本与劳动力组合的差异所引起的偏差，进而在改进的产业梯度系数法中引入了比较资本产出率。

本书采取改进后的产业梯度系数计算方法，选取区位商、比较劳动生产率和比较资本产出率三个指标，并用三者乘积作为产业梯度系数。其中，用区位商反映该地区某行业的生产专业化程度，用比较劳动生产率反映该地区相较于整个国家水平来说的技术、劳动力素质等综合水平，用比较资本产出率反映资本盈利能力。计算公式如式（8-5）所示：

$$\text{产业梯度系数} = \frac{S_1}{S_2} \times \frac{S_3}{S_4} \times \frac{S_3}{S_5} \qquad (8-5)$$

其中，区位商 $= \dfrac{S_1}{S_2}$；比较劳动生产率 $= \dfrac{S_3}{S_4}$；比较资本产出率 $= \dfrac{S_3}{S_5}$。S_1 为该地区某行业工业增加值占该地区 GDP 的比重；S_2 为全国该行业工业增加值占全国 GDP 的比重；S_3 为该地区某行业工业增加值占该行业全国增加值的比重；S_4 为该地区该行业从业人员占全国同行业总从业人员的比重；S_5 为该地区该产业的平均资本占全国该产业平均资本的比重。

2. 数据来源与处理

本书数据主要来源于《中国统计年鉴》（2012）、《天津统计年鉴》（2012）、《河北统计年鉴》（2012）、《北京统计年鉴》（2012）以及《中国工业经济统计年鉴》（2012）。

3. 京津冀区域产业梯度系数结果与分析

对面板数据进行整理、计算，得到 2011 年京津冀地区主要工业行业的产业梯度系数，如表 8-3 所示，对结果进行分析可知：

表 8-3　2011 年京津冀地区产业梯度系数

产业 ＼ 地区	北京市	天津市	河北省
工业	0.62	0.32	0.56
煤炭开采和洗选业	0.83	0.11	0.61
石油和天然气开采业	0.32	0.02	0.40
黑色金属矿采选业	0.48	0.01	1.89
有色金属矿采选业	—	—	0.67
非金属矿采选业	0.04	0.01	0.06
其他采矿业	—	—	—
农副食品加工业	0.01	0.02	0.27

续表

地区　　产业	北京市	天津市	河北省
食品制造业	0.15	0.33	0.62
饮料制造业	0.39	0.28	0.91
烟草制品业	—	—	1.84
纺织业	0.06	0.01	0.54
纺织服装、鞋、帽制造业	0.34	0.12	0.56
皮革、毛皮、羽毛（绒）及其制品业	0.00	0.01	0.80
木材加工及木、竹、藤、棕、草制品业	0.02	0.01	0.21
家具制造业	0.14	0.12	0.20
造纸及纸制品业	0.24	0.12	0.91
印刷业和记录媒介的复制	1.33	0.75	1.08
文教体育用品制造业	0.89	0.26	0.10
石油加工、炼焦及核燃料加工业	0.60	1.04	0.57
化学原料及化学制品制造业	0.05	1.12	0.19
医药制造业	3.05	0.59	0.67
化学纤维制造业	0.14	—	0.03
橡胶制品业	0.02	0.02	0.96
塑料制品业	0.02	0.12	0.69
非金属矿物制品业	0.07	0.05	0.61
黑色金属冶炼及压延加工业	0.07	0.04	0.73
有色金属冶炼及压延加工业	0.01	0.19	0.13
金属制品业	0.07	0.05	0.94
通用设备制造业	1.35	0.34	0.39
专用设备制造业	0.19	0.08	0.31
交通运输设备制造业	2.10	1.82	0.19
电器机械及器材制造业	0.19	0.01	0.30
通信设备、计算机及其他电子设备制造业	2.07	0.30	0.01
仪器仪表及文化、办公用机械制造业	1.58	0.37	0.28
工艺品及其他制造业	0.93	0.11	0.14
废弃资源和废旧材料回收加工业	0.03	0.37	0.02

（1）采掘业行业中，河北省在黑色金属矿采选业行业相较于京津具有绝对发展优势。在煤炭开采和洗选业，河北省在区位商方面有一定优势，而北京市在比较资本产出率上有一定优势。石油和天然气开采业三地都没有显著的发展优势。采掘业主要依靠自身的自然资源储备，所以转移较少，今后可以通过合作开发新的经济增长点。

（2）原材料加工业行业中，河北省在黑色金属冶炼及压延加工业具有绝对优势。天津市在石油加工、炼焦及核燃料加工业、化学原料及化学制品制造业具有一定优势。河北省橡胶制品业的区位商和比较劳动生产率都优于北京市，只是比较劳动产出率表现较差，所以更应注重完善资本结构，引入投资，提高制造业资本的盈利能力。

（3）普通加工业中，河北省黑色金属矿采选业、烟草制品业、造纸及纸制品业、印刷业和记录媒介的复制这几大产业具有绝对竞争优势。北京市在医药行业具有绝对发展优势，印刷和文教具有较强优势，其他产业则相对较弱。

（4）装备制造业中，北京市的仪器仪表及文化、办公用机械制造业和交通运输设备制造业具有绝对竞争优势。天津市的交通运输设备制造业具有较强竞争优势。北京市未来重点发展战略性新兴产业，而河北省可以适当承接仪器仪表及文化、办公用机械制造业，交通运输设备制造业这些产业，以改善自身重工业为主的产业结构，同时支持京津的产业结构升级。

二、区域产业结构互补性

产业结构差异能够使地区间在产业结构上形成互补性，这种差异对于转移产业的选择具有很大的指导意义，有利于在更大的空间内进行资源、要素、人才等资源的优化配置，因此，若两地的产业结构相似性较高就会带来激烈的市场竞争，进而提高产业转移门槛，还会加大分工协作的难度（刘英基，2012），而较低的产业结构差异则会大大降低转移难度。

殷君伯、刘志迎（2008）提出了产业结构相似系数，方劲松（2010）测算过安徽省与长三角地区各省市之间的产业结构相似系数。本书根据以往相关文献，将产业结构相似系数定义如式（8-6）所示：

$$H_{ij} = \frac{\sum\limits_{k=1}^{n} X_{ik} X_{jk}}{\sqrt{\sum\limits_{k=1}^{n} X_{ik}^2 \sum\limits_{k=1}^{n} X_{jk}^2}} \qquad (8-6)$$

其中，H_{ij}表示地区间产业结构相似系数，i 和 j 代表两个地区，X_{ik}、X_{jk}分别表示地区 i 和地区 j 产业结构中 k 行业产值所占的比重，$0 \leqslant H_{ij} \leqslant 1$。当$H_{ij} = 0$时，说明地区 i、地区 j 具有完全不同的产业结构，存在高度互补性；而当$H_{ij} = 1$时，说明地区 i、地区 j 具有完全相同的产业结构，存在激烈的产业竞争；当$H_{ij} \in [0.7, 0.9)$时，说明地区 i、地区 j 存在一般产业竞争关系；$H_{ij} \in [0.4, 0.7)$，表明地区 i、地区 j 的产业结构存在一般互补性；$H_{ij} \in [0, 0.4)$，说明地区 i、地区 j 产业结构差异较大，存在强互补性。

应用上述公式对京津冀区域的产业结构相似性进行测算，得到结果如表8-4所示。

表 8-4 京津冀产业相似系数

地区	北京市	天津市	河北省
北京市	1.00	0.85	0.75
天津市	—	1.00	0.98
河北省	—	—	1.00

由表8-4结果可知，京津之间的结构相似系数为0.85，京冀之间的结构相似系数为0.75，津冀之间的结构相似系数为0.98，总体上来看，京津冀区域整体产业结构比较相似，属于一般产业竞争关系，由于地理相近及历史传承等因素的影响，一个区域的产业结构相似是不可避免的。但相对而言，北京市与天津市和河北省有一定互补性，天津市与河北省基本具有较为相同的产业结构，也存在激烈的产业竞争趋势。

三、信息交通便利性度量

信息交通的便利性对于产业转移的实现有至关重要的作用，物质要素的转移、信息沟通是产业转移的必要环节，因此本书以京津冀区域内各地区间的信息交通便利性程度评价作为建立指标体系时的主要考虑因素，在已有的研究成果基础上，建立京津冀信息交通便利性度量指标体系，如表8－5所示。

表8－5　京津冀信息交通便利性度量指标体系与数据

一级指标层	二级指标层	单位	北京市	天津市	河北省
信息技术	有效发明专利数	件	7342	5193	2601
	工业企业研究与试验发展（R&D）项目数	项	7048	10515	6055
	人均拥有公共图书馆藏量	册	0.95	1	0.24
	有线广播电视用户数占家庭总户数的比重	%	95.97	84.81	32.64
	邮电业务总量	亿元	566.45	176.29	539.62
交通	铁路营业里程	公里	1228.4	866.9	5170.5
	公路里程	公里	21347	15163	156965
	地区货运量	万吨	24663	43601	189799
	地区客运量	万人	139718	24934	99458

资料来源：《中国统计年鉴》（2012）、《河北经济统计年鉴》、《天津统计年鉴》、《北京统计年鉴》。

评价方法上，本次评价主要采用熵值法，该方法可以反映出指标信息熵值的效用价值，进而确定京津冀三地的权重系数，计算过程如下：

（1）设有9个指标，3个评价对象，则形成原始数据矩阵 $X = (x_{ij})_{3 \times 9}$，其中，$x_{ij}$ 为第 j 个评价对象的第 i 个指标值，$j = 1，2，\cdots，9$；$i = 1，2，3$。

（2）无量纲化：由于不同的指标具有不同的量纲和数量级，无法直接进行比较和计算，因此对原始矩阵进行无量纲化处理。

对于指标值越大越好的效益型指标，如式（8－7）所示：

$$x'_{ij} = \frac{x_{ij} - \min_i x_{ij}}{\max_i x_{ij} - \min_i x_{ij}} \qquad (8-7)$$

对于指标值越小越好的成本型指标，如式（8－8）所示：

$$x'_{ij} = \frac{\max\limits_{j} x_{ij} - x_{ij}}{\max\limits_{j} x_{ij} - \min\limits_{j} x_{ij}} \qquad (8-8)$$

得到处理后的数据矩阵 $X' = (x'_{ij})_{3 \times 9}$。

（3）计算指标信息熵值，如式（8-9）所示：

$$e_i = -k \sum_{j=1}^{m} p_{ij} \ln p_{ij} \qquad (8-9)$$

其中，$k = \dfrac{1}{\ln n}$，$p_{ij} = \dfrac{x'_{ij}}{\sum\limits_{j=1}^{m} x'_{ij}}$。

（4）计算第 i 个指标的熵值，如式（8-10）所示：

$$w_i = \frac{1 - e_i}{\sum\limits_{i=1}^{n} (1 - e_i)} \qquad (8-10)$$

（5）得到客观指标权重：

$$W = (w_1,\ w_2,\ \cdots,\ w_n)$$

（6）得到基于客观指标的客观质量评价结果为：

$$B = (b_1,\ b_2,\ \cdots,\ b_j)$$

其中，$b_j = \sum\limits_{i=1}^{n} w_i x'_{ij}$。

经计算，结果为 $B_1 =$ "0.5368，0.3651，0.5429"，代表天津市的权重值为 0.5368，北京市的权重值为 0.3651，河北省的权重值为 0.5429。

两个区域的交通信息便利性程度 F_{ij} 可采用式（8-11）计算：

$$F_{ij} = \sqrt{x_i x_j} / (1 + \sqrt{x_i / x_j}) \qquad (8-11)$$

其中，x_i 表示地区 i 的交通信息便利性测度值，而 $\sqrt{x_i x_j}$ 表示地区 i、地区 j 的几何平均值，代表区域交通信息水平；$\sqrt{x_i / x_j}$ 表示地区 i、地区 j 交通信息便利性的相对程度。

将京津冀的数据代入，通过计算可以得到京津、京冀、津冀之间的交通信息便利性测度值：$F_{12} = 0.2001$，$F_{13} = 0.2707$，$F_{23} = 0.2446$。其中地区 1 为北京市，地区 2 为天津市，地区 3 为河北省。由结果可知，综合来看：京冀、津冀之间的交通信息便利性程度较高，说明有良好的产业转移基础，阻碍较小。

四、产业转移承接能力测度

中国现阶段产业转移与承接主要集中于工业上，因此本书以京津冀区域内各地区的工业转移承接能力评价作为指标建立时主要考虑的因素，在马涛等（2009）研究成果的基础上，从成本、市场、资金、配套、技术、经济这六大方面反映某一地区的承接能力，建立京津冀产业转移承接能力测度指标体系，如表8－6所示，其中京津冀的指标数据如表8－7所示。

表8－6　京津冀产业转移承接能力测度指标体系

影响因素	指标	计算指标	单位
成本因素	劳动力成本	平均工资	元
市场潜力因素	产品销售率	工业产品销售率	%
投资环境因素	市场化水平	技术市场成交额	万元
产业配套能力	基础设施建设程度	邮电业务总量	亿元
		货物周转量	亿吨公里
	行业固定资产总额	工业全社会固定资产投资	亿元
技术研发水平	科研人才比例	三种专利授权数	件
	R&D投资比例	R&D投资比例	%
经济效益因素	成本费用利润率	工业成本费用利润率	%
	总资产贡献率	工业总资产贡献率	%

根据表8－6的指标体系，运用熵值法对京津冀产业转移承接能力进行评价，结果如下：

B_2 = "0.53，0.60，0.34"

由结果可知，天津市对于产业转移的承接能力最高，为0.60，接着依次是北京市为0.53、河北省为0.34，说明河北省总体来看承接能力还是较弱的，河北省作为京津冀区域内主要的产业转入地，应该充分利用地理位置上的优势，加快制定多样优惠政策，提高自身承接产业转移的能力，与京津产业实现全面对接，利用京津生产要素不断提高产业结构,实现产业结构优化与升级。

表 8 – 7 京津冀产业转移承接能力测度数据

计算指标 \ 地区	北京市	天津市	河北省
平均工资	78270	64153	35872
工业产品销售率	98.92	99.26	98.08
技术市场成交额	18902752	1693819	262471
邮电业务总量	566.45	176.29	539.62
货物周转量	999.6	10337.3	9630.4
工业全社会固定资产投资	740.6688	3009.2039	7421.932
三种专利授权数	40888	13982	11119
R&D 投资比例	0.010143644	0.01864084	0.006470079
工业成本费用利润率	7.46	9.79	7
工业总资产贡献率	7.59	17.8	15.08

资料来源:《中国统计年鉴》(2012)、《河北经济统计年鉴》、《天津统计年鉴》、《北京统计年鉴》。

五、京津冀产业转移的综合效应

利用式(8 – 3)及数据计算京津冀产业转移综合效应值,计算结果如下:

$$Z_1 = 0.2394, \quad Z_2 = 0.2763, \quad Z_3 = 0.1580$$

由结果可知,天津市的产业转移综合效应值最高,为 0.2763,其次是北京市为 0.2394、河北省为 0.1580,京津冀区域中,北京市和天津市是主要的产业转出地区,而天津市与河北省的产业结构较为相似,进行产业转移的合作基础较好,所以天津市产业转移综合效应也最为明显。综合效应越高说明该地区有以下几点优势:首先是在产业转移中生产要素更加充分利用,在不同地区之间流动阻力更小,有助于形成开放互补的区域关系,其次是以市场为导向的技术创新与合作更容易实现,最后是该地区环境与社会的关系更容易协调,针对环境问题的治理和保护更容易进行统筹规划。总体而言,较高的综合效应说明该地区在区域产业相互转移的过程中所获总体收益最为明显,易形成良好的产业循环模式。

第九章　京津冀碳排放分配及交易机制

经过近年来的努力，京津冀的产业协同发展已经具备了良好的基础，随着国家的大力支持和政策引导，今后的协作力度也会进一步加深。在京津冀协同发展这一大背景下，京津冀地区的低碳化产业协同实践，对于我国其他经济带有着重要的带动和借鉴作用。在明确各地经济发展、碳排放特点的基础上设定差异化的减排目标，有助于在保证区域产业协同发展的同时收到良好的减排效果，达成我国的减排承诺。

第一节　京津冀碳排放分配指标体系

由于不同地区在经济、历史、政策、体制上都存在一定差异，在分配减排量的过程中也应该根据各地的发展情况，恰当选取能够充分反映地区特点的指标，在不影响地区经济健康发展的同时，全面反映地区的减排能力、潜力及责任，保障碳排放量有效降低。本书基于此种考虑，构建碳排放分配模型，建立分配指标体系，并以此计算京津冀区域碳排放责任分担率。

一、指标设计原则

区域碳排放分配会直接影响各地的经济利益，因此分配的公平性显得尤为重要，公平性也是碳交易过程中的重要前提，但同时也要考虑可行性和执行效率的影响。公平是环境管理中最为基本的要求，但对公平的衡量会有很大的主观性，不同利益方、不同阶段、不同出发点都会造成不同的判断。目前，国际上进行碳排放权分配的一个重要前提就是"共同但有区别的责任"原则，能够在共同承担责任的基础上，全面考虑各方的经济、社会、环境、减排能力等方面的差异性，给予适当的调节和支持。目前比较得到不同利益方公认的公平性原则主要包括人均原则、考虑累计排放的历史责任原则、考虑发展空间的未来发展机会原则（王翊、黄余，2011）。碳排放分配中的效率原则主要是指能够充分发挥各地的减排潜力，以最少的经济投入换取最大的减排效果，鼓励各主体不断提高单位碳排放的经济产出水平。同时指标的选取还要具有可行性，即指标的获取、监督、执行都有可操作性，做到经济上可控、技术上可达、管理上可行。

二、指标的选取

伊文静等（2011）基于公平性原则，同时兼顾经济发展和区域战略，采用人均 GDP、累积二氧化碳排放、单位工业增加值碳排放分别代表能力、责任、潜力三个指标，构建了综合性指标体系，并建立了中国省际碳配额模型，此外还设置了三种决策偏好，并以不同的权重系数进行了敏感度分析。本书以此模型为基础，将产业转移综合效应因子引入分配指标体系，并增加一种促进区域产业协同发展的协同决策偏好，以此更好地反映区域内产业转移对碳排放分配的影响。

三、指标体系的建立

根据相关研究中关于碳减排责任分担的特点及原则，将碳减排分配指标体系的准则层分为能力、责任、潜力和协同四层，分别选取人均 GDP、人均累计二氧化碳排放量、单位工业增加值碳排放量、产业转移综合效应因子作为指标层，建立指标体系如图 9-1 所示。

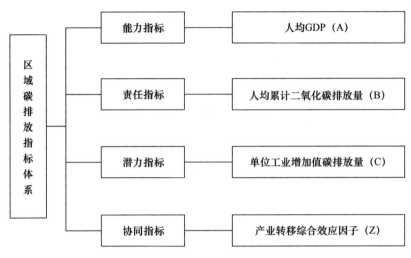

图9-1　京津冀区域碳减排分配指标体系

人均GDP指标体现了纵向公平原则，能力较强、较富裕的地区应该承担较大的减排责任；人均累计二氧化排放指标反映了对环境的历史责任，将"平等"和"历史"原则相结合，根据"污染者自付"原则，2005～2011年的累计人均碳排放越大，承担的减排责任越大；单位工业增加值碳排放量指标反映了减排潜力，如果每单位工业增加值产生的碳排放量很大，则表示该地区应该调整工业结构、提高能源利用效率或者加强清洁能源的使用，反映在减排上即有较高的减排潜力；产业转移综合效应因子反映了区域内产业转移、协同发展的综合效应。该指标体系综合考虑了产业转移对碳排放的影响，对转入地、转出地实行差异化的减排目标，促进区域内产业协同发展。

第二节　京津冀区域碳减排分配模型构建

一、模型构建

根据前文选取的指标，构建地区 i 的分配指数 R_i，表示地区 i 所分配到的碳减排量在区域中碳减排总量的比重，定义如式（9 - 1）所示：

$$R_i = \frac{\frac{\omega_1 A_i}{3}}{\sum\limits_{i=1}^{3} A_i} + \frac{\frac{\omega_2 B_i}{3}}{\sum\limits_{i=1}^{3} B_i} + \frac{\frac{\omega_3 C_i}{3}}{\sum\limits_{i=1}^{3} C_i} + \frac{\frac{\omega_4 Z_i}{3}}{\sum\limits_{i=1}^{3} Z_i} \qquad (9-1)$$

$i = 1, 2, 3$ ；且 $0 \leq Z_i \leq 1$。

其中，ω_1、ω_2、ω_3、ω_4 为不同决策偏好下的权重，且 $\omega_1 + \omega_2 + \omega_3 + \omega_4 = 1$；$A_i$ 代表地区 i 关于指标人均 GDP 的取值；B_i 代表地区 i 关于指标人均累计二氧化碳排放量的取值；C_i 代表地区 i 关于指标单位工业增加值碳排放量的取值；Z_i 代表地区 i 关于指标产业转移综合效应因子的取值；i 取值 1、2、3，分别代表北京市、天津市、河北省。

对于 ω 的取值，按照权重选择不同，由此可以形成五种决策情景。平均权重表示决策对责任、能力、潜力和协同没有区分；能力偏好表示决策偏向于减排能力较强的地区应该承担较多的减排量；责任偏好表示决策偏向于历史责任较大的地区承担较多的减排量；潜力偏好表示决策偏向于更具减排潜力的地区承担较多的减排量；协同偏好表示决策偏向于受到产业协同发展综合效应影响更大的地区承担较多的减排量。表 9 - 1 为不同决策偏好下的权重取值。

表 9 - 1　五种决策偏好下的指标权重

指标 ＼ 决策	平均权重	能力偏好	责任偏好	潜力偏好	协同偏好
ω_1	0.25	0.4	0.2	0.2	0.2
ω_2	0.25	0.2	0.4	0.2	0.2
ω_3	0.25	0.2	0.2	0.4	0.2
ω_4	0.25	0.2	0.2	0.2	0.4
$\omega_1 + \omega_2 + \omega_3 + \omega_4$	1	1	1	1	1

二、数据来源

我国目前没有碳排放量的直接监测数据，现有研究中的关于碳排放量的大部分研究都是基于能源消费量以及能源的碳排放系数等进行估算得到。文中数据来源于《中国统计年鉴》、《中国能源统计年鉴》及各地方城市统计年鉴，部分根据已有研究数据，进行整理、计算，得到京津冀各指标 2011 年的面板数据，如表 9 - 2 所示。

表 9 - 2　2011 年京津冀各指标面板数据

地区 指标	北京市	天津市	河北省
人均 GDP（万元/人）	8.05	8.34	3.39
人均累计二氧化碳排放量（吨/人）	2.07	3.64	2.92
单位工业增加值碳排放量（吨/亿元）	5.72	3.15	6.84
产业转移综合效应因子	0.2394	0.2763	0.1580

注：人均累计二氧化碳排放量从 2005 年开始累计。

第三节　京津冀区域碳排放分配模型结果与分析

一、模型计算

根据分配框架及以上数据，将数据代入式（9 - 1），经过计算可以得到京津冀的碳减排综合指数 R_i 随产业转移综合效应因子 Z_i 及情景权重 ω 变化的关系式，如式（9 - 2）~ 式（9 - 4）所示：

$$R_1 = 0.41\omega_1 + 0.24\omega_2 + 0.36\omega_3 + (1 - Z_1)\omega_4 \qquad (9 - 2)$$

$$R_2 = 0.42\omega_1 + 0.42\omega_2 + 0.20\omega_3 + (1 - Z_2)\omega_4 \qquad (9 - 3)$$

$$R_3 = 0.17\omega_1 + 0.34\omega_2 + 0.44\omega_3 + (1 - Z_3)\omega_4 \qquad (9 - 4)$$

其中，R_1、R_2、R_3 分别代表北京市、天津市、河北省的碳减排综合指数。

二、分配结果

碳减排综合指数 R_i 代表了各地区应承担的碳减排责任分担程度，指数越大说明该地区承担的责任越大，减排量越大，接下来的几年中碳排放量的增长幅度也越小。由式（9-2）~ 式（9-4）可知，京津冀的碳减排综合指数 R_i 会随着情景权重 ω 的变化而变化，表9-3、图9-2分别为京津冀在五种决策偏好下应该承担的碳减排分担率。

表9-3　不同偏好下京津冀碳减排分担率

情景＼地区	北京市	天津市	河北省
平均权重	0.342	0.364	0.295
能力偏好	0.355	0.375	0.270
责任偏好	0.321	0.375	0.304
潜力偏好	0.346	0.331	0.323
协同偏好	0.344	0.373	0.283

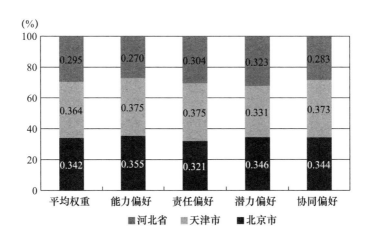

图9-2　不同偏好下京津冀碳减排分担率

从 2005 ~ 2011 年京津冀区域总体的碳排放情况来看，每年平均以 9.63% 的增速增长，若不实行减排工作，以此增速继续增长下去，可预测到 2020 年的区域总体碳排放量将达到 80992.12 万吨。再根据表 7 - 3 中计算得到的 2020 年京津冀区域总体目标排放量为 53516.77 万吨，可以粗略计算出 2020 年的京津冀区域总体的碳减排量为 27475.35 万吨。根据表 9 - 3 的减排分担率，可以计算出 2020 年京津冀碳减排分配结果，如表 9 - 4 所示。

表 9 - 4   不同偏好下京津冀碳减排量   单位：万吨

地区 情景	北京市	天津市	河北省
平均权重	9396.57	10001.03	8105.23
能力偏好	9753.75	10303.26	7418.34
责任偏好	8819.59	10303.26	8352.51
潜力偏好	9506.47	9094.34	8874.54
协同偏好	9451.52	10248.31	7775.52

三、决策偏好影响分析

由表 9 - 3、表 9 - 4 的分配结果可知，不同地区在目标年份的减排量分配情况不同，并且同一地区在不同的政策偏好下的分配情况也不同。

1. 从决策偏好方面来看

在平均权重、能力偏好、责任偏好及协同偏好下，碳减排分配量按大小排名依次是天津市、北京市、河北省，只有在潜力偏好下，次序是北京市、天津市、河北省，主要是因为北京市的碳强度较低，但碳产出率较高，因此北京市进一步提高能效、降低单位 GDP 碳排放量的空间十分有限，所以承担较大的减排责任，对于北京市，今后则需要从产业结构调整方向入手，继续开展低碳工作。重点看一下协同偏好下与平均权重下的结果对比可知，北京市、天津市的责任增大，河北省的责任相对减轻，原因是河北省是主要的产业转入地区，同时随转入产业带来的还有一定的碳排放量，从公平性原则出发，在减排责任分配时必须考虑这一部分责任，因此河北省的责任相对减轻，而作为区域内产业转出地区的北京市、天津市的责任势必有所增加。

2. 从地区特点来看

北京市在能力偏好下的碳减排综合指数最高，达到0.355，最低的是在责任偏好下，为0.321，说明北京市的经济发展程度较好，在决策为能力偏好时承担的减排量最大。

天津市在能力偏好与责任偏好下的指数最高，为0.375，说明天津市经济发展程度较好，但主要是由工业发展带动经济发展，因此考虑历史累计排放后，其应承担的减排责任相应增大。天津市在潜力偏好下责任分担率最低，为0.331，说明天津市经过近年来的工业结构调整及高新技术研发投产，潜力空间已经进一步缩小。

河北省从整体上来看经济发展水平较京津相对落后，减排能力也较弱，因此在能力偏好情景下分配到的责任分担率较小，只有0.270，即获得的允许碳排放量较多。在潜力偏好下为0.323，责任相对增加，说明随着河北省工业结构的进一步调整和改革，在碳减排方面也表现出巨大的潜力。

四、各地区灵敏性分析

由式（9-2）~式（9-4）及表9-3可以得到京津冀在四种决策偏好下承担的碳减排量随产业转移综合效应值Z变化而形成的曲线，如图9-3至图9-5所示，可以明确看出随着Z值的增加，产业转移综合效应值越大，各地应该承担的碳减排量也随之增加，但是各自的变化程度不同，随决策偏好碳减排责任分配指数变化最为敏感、波动最大的是河北省，最小的是北京市。

五、区域减排对策建议

对于北京市、天津市这类产业转出发生较多的地区，其经济发展水平较高，但碳排放强度相对较低。京津转出的产业主要以劳动力密集型、原材料密集型为主，相对于资本技术密集型的产业而言碳排放强度较大。这种类型地区的下一步工作重点应该是调整工业结构，制定更加严格的产业减排标准，推进区域产业优化发展。同时推进部分高排放企业的强制减排工作，克服产业转移黏性，进行产业结构的调整升级。

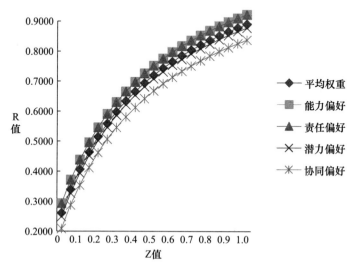

图 9-3　北京市变化曲线

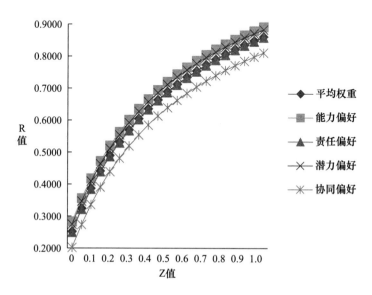

图 9-4　天津市变化曲线

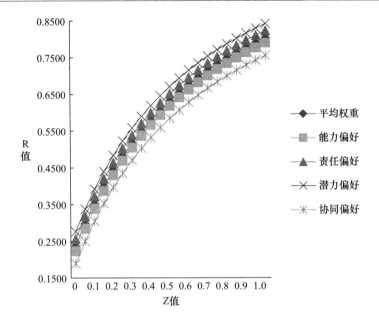

图 9-5 河北省变化曲线

对于河北省这类产业转入地区，由于工业化的持续推进，人均碳排放量、碳排放强度都很高，具有高增长、高能耗、高排放的明显特征，在制定减排策略时，应该以提高能源利用效率、降低能源强度为重点。因为从全国层面来看，能源强度较低的产业转出地未来工业产值比重将会下降，但能源强度较高的产业转入地未来工业产值比重则将逐年增加，因此，就需要对这些工业增加值占全国比重较大、能源强度较大的省区加强监控。同时，为了降低产业转入地区的碳排放强度，实现经济转型与低碳发展，政府和企业应该制定相应的低碳发展战略，重视低碳技术的运用及创新。

综上所述，中国地域广阔，各地区经济、产业发展、碳排放特点上的差异为建立有差别的碳减排分配框架提供了有利条件，能够在保证碳排放有效减少的同时，有利于推动形成区域合理分工、协同发展的新格局。

第四节 京津冀区域碳交易市场机制研究

一、构建京津冀区域碳交易市场的必要性

1. 推动区域低碳发展

目前各个试点的碳交易工作仅在本市内部开展，产业之间、同产业内的企业之间的差异性较小，容易出现各个参与单位之间供求不平衡，不利于市场的健康发展。京津冀是受环境问题影响较大的区域之一，只有形成区域规模的碳交易市场，才能更好地发挥市场机制对环境问题的遏制作用，连接实体经济与虚拟资本，实现碳资产的优化配置，成为推动区域生态环境共建、共享的新动力（谭志雄、陈德敏，2012）。

2. 加快与国际碳金融市场对接进程

我国是CDM项目注册数目最多、签发数量最大的国家，在政府的大力推动下，企业对CDM项目逐渐有了更加深入的了解，我国碳交易市场拥有巨大潜力。京津冀区域是我国最为重要的经济增长极之一，是继珠三角、长三角后，中国经济增长的第三大引擎，在低碳发展方面也积累了一定的优势，开展区域碳交易市场建设，有助于加快与国际碳金融接轨。

3. 有助于解决区域生态建设的资金"瓶颈"

为了实现京津冀及周边地区空气治理的目标，国家发改委、环保部等部门颁发了《京津冀及周边地区落实大气污染防治行动计划实施细则》，督促各省市加快淘汰落后产能，这必将给河北省带来不小的冲击，因此就会需要大量的资金支持。构建区域碳交易市场，可以促使河北省将通过节能减排合理减少的碳排放量进行交易，所得收益也可以补偿减排成本，形成良性循环。

二、构建京津冀区域碳交易市场的可行性

1. 顶层设计有力促进区域联动

2013 年 9 月，国务院印发了《大气污染防治行动计划》，要求到 2017 年京津冀区域细颗粒物浓度下降 25% 左右，各地开始制定相关实施细则，出台多项落实措施。2013 年 11 月，北京碳排放权市场开市，京、津、冀、晋、蒙、鲁共同签署了《关于开展跨区域碳排放权交易合作研究的框架协议》，谋求通过区域联动来治理大气污染，利用市场控制温室气体排放。2014 年 2 月 26 日，习近平主持召开了专题听取京津冀协同发展工作汇报的座谈会，强调实现京津冀协同发展的重要作用，同时提出七点要求，这说明京津冀协同发展已经上升到了国家战略层面。

2. 京津冀具有较好的区域碳交易市场建设环境

2010 年 10 月，国家发改委确定广东、辽宁、湖北、陕西、云南五省，天津、重庆、深圳、厦门、杭州、南昌、贵阳、保定八市为第一批低碳试点城市。2012 年 11 月又确立北京、上海、海南和石家庄等 29 个省市为第二批低碳试点城市。京津冀已经全部进入低碳试点工作开展地区，其中河北省保定市是世界自然基金会及住建部评选的"中国低碳城市发展项目"试点城市，也是作为"新能源制造业之城"入选世界自然基金会的"低碳发展示范城市"（陈永国、聂锐，2014）。

3. 区域碳交易市场更具推广性

我国地域广袤，各地经济、社会的发展水平都有较大差异，开展减排工作也有较大的困难，短时间内根本无法建立起全国性的碳交易市场。因此，在初级阶段更应根据各地实际情况，以构建区域性碳交易市场为着手点，逐步形成科学、规范、可辐射的市场模式，为全国推广积累经验，为全国碳排放交易市场做铺垫。

三、京津冀区域碳交易市场构建思路

建立区域碳交易市场的总体思路为：首先，要统一、科学地核算区域内各省

针对这些问题，本书提出的具体解决建议如下：

（1）不断完善、优化碳交易体系。政府部门要着重对碳交易市场运行情况进行跟踪、核查、帮助，及时解决问题，同时不断完善相关管理规定、实施细则。随着市场不断成熟，逐渐放开交易对象范围，加大对节能企业的扶持力度，充分发挥政府专项资金的引导作用，以鼓励更多企业参与工艺节能改造工程。

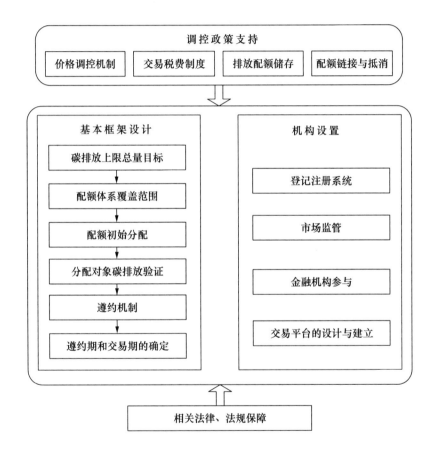

图 9 - 7　区域碳交易市场基本要素

资料来源：段茂盛，庞韬．碳排放权交易体系的基本要素［J］．中国人口·资源与环境，2013，23（3）：110 - 117.

（2）完善碳交易立法工作，健全监管体系。制定区域性碳交易法规，包括排放许可、分配、收费、交易、管理等中间过程法律细则。应该形成多层级管理模式：各市级政府、相关部门做好碳减排工作的规划与管理；各省级机关行政部门要对碳交易过程中各标的的审核、指标的折算等起到管理和监督的作用；各省市的环保部门也要对指标分配、报告制定、监测、认证、注册和执行等过程负责监管；省级以下环保部门将分配到各参与企业，并负责监管工作；企业则按照制度和法律规定，监测、报告本企业的核算数据，得到认证后再根据本企业的配额使用情况积极参与碳交易（隗斌贤、揭筱纹，2012）。

（3）积极发展碳金融体系，培育相关专业人才。我国碳金融正处于起步阶段，京津冀地区应抓住机遇，以北京市、天津市的金融中心为依托，鼓励更多的金融机构进入碳交易市场。碳交易过程规则严密、程序复杂，同时涉及环保、法律、金融、技术、管理等多学科，急需一批专业的复合型人才，京津冀地区应充分发挥高校集聚的优势，培养一批专业人才。

第十章 区域碳市场违约风险
关键因素识别

第一节 碳市场企业两阶段交易决策模式

考虑碳市场中存在基于碳排放权的配额交易和基于清洁发展机制的项目交易，为论述简介，本章设定企业碳存量为实际拥有的两种产品数量，满足如式（10-1）所示：

$$f(t) = f(0) - E(t) \qquad (10-1)$$

其中，$f(t)$ 为纳入企业 t 时刻碳存量；$f(0)$ 为纳入企业碳交易初始碳存量，即企业初始碳排放权数；$E(t)$ 为纳入企业 t 时刻累计碳排量。从碳市场中可供纳入企业购买的两种产品数量统称为碳增量，两种产品价格统称为碳价格。

魏一鸣等（2010）认为，当企业碳存量低于当期消耗时，企业为避免违约惩罚将被动购买碳增量以满足企业生产消耗，当企业碳存量高于当期消耗时，企业可根据其边际减排成本和当期碳市场价格的数值大小关系进行自由交易，即当边际减排成本大于碳市场价格时，企业买入碳增量，反之卖出存量。根据企业这一碳交易决策过程，本章将企业碳交易过程分为自由交易和被动交易两个阶段，构建基于企业两阶段碳交易决策模式如图 10 - 1 所示。

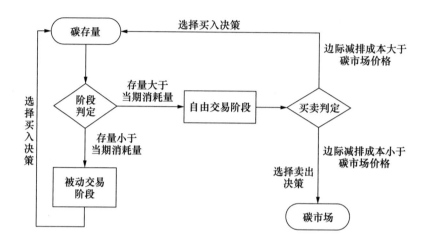

图 10 - 1　企业两阶段碳交易决策模式

资料来源：根据相关文献，笔者自行整理。

　　企业进行碳交易时，首先对其碳存量和当期计划排量进行判定，当存量大于当期计划消耗量时，企业进入自由交易阶段，此时企业可根据边际减排成本与当期市场价格进行买卖决策判定，当边际减排成本大于碳市场价格时，企业选择购买决策，增加碳存量；反之边际减排成本小于碳市场价格时，选择卖出决策，减少碳存量。当存量小于当期计划消耗量时，企业进入被动交易阶段，此时企业为避免违约处罚，选择购买决策，增加碳存量。

　　根据能量意外释放理论，风险暴露是由于能量源超出受体承受能力而产生的。结合企业两阶段碳交易决策模式，显然易见，企业违约风险环境为被动交易环境（X），受体为纳入企业（Y），能量源为碳存量，对应关系如式（10 - 2）所示：

$$f(t) \to \begin{cases} X \\ Y \end{cases} \qquad (10 - 2)$$

　　即在碳交易结算日时，如果纳入企业碳存量小于 0，则企业违约风险暴露。

根据海因里希因果连锁论，风险暴露是经过一系列"骨牌"作用后所产生的。碳存量小于0事件的产生根源，如图10-2所示，是"企业恶意卖出碳存量行为"和结算日纳入企业"无法从碳市场购买足够碳增量"状态所导致的结果。前者来源于企业意识，由遗传决定；后者来源于碳市场环境，属于社会环境的一种。总体而言，是企业意识和碳市场环境通过人的缺陷（利益驱动、计划失误）导致了碳市场企业违约风险的暴露。

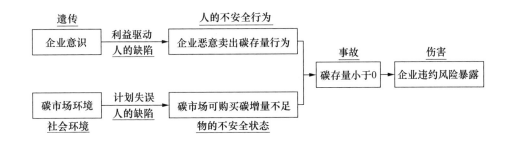

图10-2　碳市场企业违约风险暴露的海因里希因果连锁论

资料来源：根据相关文献，笔者自行整理。

又根据海因里希因果连锁论，"人和物的不安全行为和状态"是导致风险暴露的关键因素。因此，通过分析区域碳市场中"企业恶意出卖碳存量"和"碳市场可购买碳增量不足"对"碳存量小于0"事件的作用过程，能够有效地识别区域碳市场企业违约风险关键因素的组成及作用机制。

第二节　碳市场企业违约风险关键因素识别

根据本章第一节中建立的企业两阶段碳交易决策模式，本章将运用系统动力学思想，构建企业两阶段交易决策模型，模拟碳市场企业交易过程，识别企业违约风险关键因素。

一、模型假设及参数说明

Chevallier（2011）认为，碳排放权总量在碳市场交易开始之前就被所有参与者所知，因而碳排放权总量对碳价格影响较小。Hintermann（2010）则认为，碳价格与减排边际成本之间存在依存关系。Kim 和 Koo（2010）通过对美国碳交易市场关键因素的研究，提出在短期内原油、煤、天然气价格是碳排放权配额总量的决定因素。Freebairn（2014）、Li 等（2014）、Stocking（2012）认为，通过控制碳排放权价格能够调整碳排放权总量。魏一鸣等（2010）则认为，碳价格是企业进行碳交易决策的关键因素。因而，本章将从碳价格、边际减排成本等角度，分析"企业恶意出卖碳存量"和"碳市场可购买碳增量不足"这两种"人和物的不安全行为和状态"产生的原因。

假设1：根据 Freebairn（2014）等学者的研究，假设碳价格和市场可交易的碳增量之间符合经典古诺模型，如式（10-3）所示：

$$x(t) = a - \beta p_t \qquad\qquad (10-3)$$

其中，$x(t)$ 为 t 时刻碳市场中可购买的碳增量数；p_t 为 t 时刻碳价格，是满足时间序列稳定的随机变量；a 为碳市场未启动时，可用于分配和投入市场的碳总量，包含碳排放权总量和在交易期间可使用的清洁发展机制项目减排量；β 为市场价格调节因子。

假设2：为简化企业实际碳排放量模型，假设产品技术高度标准化，同产品同排量，即碳强度 T_i 能够准确反映企业产值与排量之间的关系，如式（10-4）所示：

$$E_i(t) = g_i(t) T_i \qquad\qquad (10-4)$$

其中，$E_i(t)$ 为企业 t 时刻累计碳排量；$g_i(t)$ 为企业在 t 时刻的累计产值。

假设3：第 i 个企业产值函数是关于时间 t 的线性连续函数，如式（10-5）所示：

$$g_i(t) = c_i + \eta_i t \tag{10-5}$$

其中，c_i 为固定收益，η_i 为可变收益。

假设 4：根据 Gilmolto 等（2005）、孟卫军（2010）、谢鑫鹏和赵道致（2013）等学者的研究，企业减排成本投入与减排量具有二次关系，假设第 i 个企业碳减排成本函数为 $C_i(x)$，满足如式（10-6）所示：

$$C_i(x) = \frac{1}{2}\xi_i(x)^2 \tag{10-6}$$

其中，ξ_i 为第 i 个企业减排技术系数，x 为减排量。

二、模型构建

通过以上假设，本章构建碳市场企业两阶段交易决策模型，模拟企业碳交易决策过程，探寻碳市场企业违约风险的关键因素。两阶段交易决策模型如式（10-7）所示：

$$f_i(t+1) = \begin{cases} f_i(t) - g_i(t)T_i + \text{ETS}_i(t) & f_i(t) - g_i(t)T_i > 0 \\ 0 & f_i(t) - g_i(t)T_i \leqslant 0 \end{cases} \tag{10-7}$$

其中，$f_i(t)$ 为企业 t 时期碳存量；ETS（t）为均衡交易量，表征企业在碳市场达到再次均衡时的最优交易量。下标 i 表示第 i 个企业；t = 0 时，$f_i(0)$ 为第 i 企业初始碳存量，不妨设 $f_i(0) = d_i$，$(d_i \geqslant 0)$。

引理 1：自由交易阶段，碳市场纳入企业 t 时刻均衡交易量如式（10-8）所示：

$$\text{ETS}_i(t) = \frac{\xi_i}{\beta(\beta + \xi_i)}a - \frac{1}{\beta}p(t) \tag{10-8}$$

证明：如图 10-3 所示，碳市场在点 (x^*, p^*) 达到均衡，此时碳排放权的市场价格为 p^*，根据式（10-6），第 i 个企业的减排成本曲线为 $C_i(x) = 1/2\xi_i(x)^2$，显然其边际减排成本大于均衡价格 p^*，则第 i 个企业需要从市场中买入 $x^* - x'$ 的碳排放权，此时市场均衡点转移至点 (x', p')，第 i 个企业的边际碳减排成本与新的市场价格 p' 相等，如式（10-9）所示：

$$C_i'(x') = \xi_i x' = p' \tag{10-9}$$

联立式（10-4）、式（10-6）、式（10-9），经过化简求解，可得如式（10-10）、式（10-11）、式（10-12）所示：

$$x' = \frac{a}{\beta + \xi_i} \tag{10-10}$$

$$x^* = \frac{a - p^*}{\beta + \xi_i} \tag{10-11}$$

$$x^* - x' = \frac{\xi_i}{\beta(\beta + \xi_i)}a - \frac{1}{\beta}p^* \tag{10-12}$$

根据式（10-7），企业在自由交易阶段，t 时刻的均衡交易量 $ETS_i(t) = x^* - x$，又 $p^* = p(t)$，代入式（10-12）可得式（10-8）。

同理，当边际减排成本小于均衡价格 p^* 时，t 时刻企业卖出配额量为 $-ETS_i(t)$，其均衡交易量为 $-(-ETS_i(t)) = ETS_i(t)$，综上得证公式（10-8）。

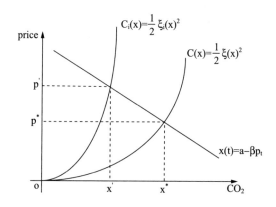

图 10-3 均衡交易量示意

资料来源：根据相关文献，笔者自行整理。

推论 1：自由交易阶段，企业均衡交易量仅与碳价格、碳市场未启动时，可用于分配和投入市场的碳增总量以及减排技术和碳市场价格系数相关，与企业实际二氧化碳排量无关。

证明：由命题 1 显然可证。

三、模型解析

定理 1：结算日，企业碳存量为零的情境下，碳市场未启动时，可用于分配和投入市场的碳总量满足式（10-13）：

$$a = \frac{nT_i \sum_{i=1}^{m} c_i + \frac{n^2}{2} \sum_{i=1}^{m} \eta_i T_i + \frac{1}{\beta} \sum_{i=1}^{m} \int_0^k p_t dt}{1 + \sum_{i=1}^{m} \frac{\xi_i k_i}{\beta(\beta + \xi_i)}} \qquad (10-13)$$

证明：通过一系列累加变化，式（10-6）可化简为式（10-14）形式：

$$f_i(n) = f_i(0) - \int_0^n g_i(t)T_i dt + \int^k ETS_i(t) dt \qquad (10-14)$$

联立式（10-3）、式（10-5）和式（10-6），令 k_i 时刻，第 i 个企业进入被动交易阶段，企业 i 在碳市场中可交易的最大次数为 n，则在碳市场结算日，第 i 个企业碳存量可表征为式（10-15）：

$$f_i(n) = d_i - (c_i n + \frac{1}{2}\eta_i n^2) + \frac{\xi_i}{\beta(\beta + \xi_i)} ak_i - \frac{1}{\beta}\int_0^k p_t dt \qquad (10-15)$$

若结算日，不发生"企业碳存量小于 0"的事件，即"企业碳存量大于等于0"则企业违约风险暴露危害不会发生。其中若发生"企业碳存量大于 0"事件，企业富余碳存量无法或者只能按比例部分计入下一阶段碳交易市场，企业利益受损。因此，考虑最优情况即"企业碳存量等于 0"的情境，企业 i 在交易结算日没有富余配额。令 $f_i(n) = 0$，由命题 1 易证式（10-16）。第 i 个企业初始碳存量 d_i 如式（10-16）所示：

$$d_i = (c_i n + \frac{1}{2}\eta_i n^2)T_i - \frac{\xi_i}{\beta(\beta + \xi_i)} ak_i + \frac{1}{\beta}\int_0^k p_t dt \qquad (10-16)$$

根据假设可知，碳市场未启动时，可用于分配和投入市场的碳增量总量满足

$a = \sum_{i=1}^{m} d_i$，其中，m 为行业中企业数。代入式（10-16）整理可得式（10-13）。

推论2：为进一步分析碳市场企业违约风险关键因素的作用机制，假设参与碳市场的企业产品和技术同质，即碳市场中所有企业具有相同的碳强度 T_i、固定收益 c_i、可变收益 η_i、减排技术系数 ξ_i 和阶段分阶点 k_i 等指标，则碳市场未启动时，可用于分配和投入市场的碳增量总量如式（10－17）所示：

$$a = \frac{cnmT + \eta mT \dfrac{n^2}{2} + \dfrac{m}{\beta}\int_0^k p_t dt}{1 + \dfrac{m\xi k}{\beta(\beta + \xi)}} \qquad (10-17)$$

推论3：在推论2的情景下，企业 i 初始碳存量如式（10－18）所示：

$$d = \frac{a}{m} = \frac{1}{1 + \dfrac{m\xi k}{\beta(\beta + \xi)}}\left(cnT + \eta T \dfrac{n^2}{2} + \dfrac{1}{\beta}\int_0^k p_t dt\right) \qquad (10-18)$$

证明：由式（10－17）和 $a = \sum_{i=1}^{m} d_i$ 整理易得，不再赘述。

四、研究结论

由推论1可知，自由交易阶段，企业均衡交易量仅与碳价格、碳市场未启动时，可用于分配和投入市场的碳总量以及减排技术和碳市场价格系数相关，与企业实际二氧化碳排量无关。在此阶段不存在"碳市场可购买碳增量不足"引发的碳市场企业违约风险暴露问题，但是存在"企业恶意卖出碳存量行为"造成的企业违约风险暴露，即当企业边际减排成本远小于碳价格时，企业可以通过开发减排技术，卖出富余碳存量，获取收益。此时若企业违约惩罚力度小于出售碳存量收益，那么企业为追求超额利润，就会选择"恶意卖出碳存量行为"，企业违约风险暴露。

由推论2可知，若碳市场未启动时，可用于分配和投入市场的碳总量满足式（10－19），那么在碳市场结算日到来之时，可能会出现"碳市场可购买碳增量不足"问题，企业无法购买到足够碳增量，难以完成碳市场履约行为，企业违约风险也随之暴露。

$$a < \frac{nT_i \sum\limits_{i=1}^{m} c_i + \dfrac{n^2}{2} \sum\limits_{i=1}^{m} \eta_i T_i + \dfrac{1}{\beta} \sum\limits_{i=1}^{m} \int_0^k p_t dt}{1 + \sum\limits_{i=1}^{m} \dfrac{\xi_i k_i}{\beta(\beta + \xi_i)}} \qquad (10-19)$$

根据推论 3 可知，若碳市场未启动时，可用于分配和投入市场的碳总量满足式（10-17），则企业初始碳存量满足式（10-20），此时若在碳市场结算日到来之时，企业进入被动交易阶段，而碳价格受供需关系影响远高于企业违约惩罚力度，为尽量降低利益损失，那么企业也会选择"恶意卖出碳存量行为"，以至于企业违约风险暴露。

$$d < \frac{a}{m} = \frac{1}{1 + \dfrac{m\xi k}{\beta(\beta + \xi)}} \left(cnT + \eta T \frac{n^2}{2} + \frac{1}{\beta} \int_0^k p_t dt \right) \qquad (10-20)$$

综上所述，可见在碳市场中产生"企业恶意出卖碳存量"和"碳市场可购买碳增量不足"的"人和物的不安全行为和状态"是导致结算日"碳存量小于0"事件产生，致使风险暴露的关键因素，"碳市场未启动时，可用于分配和投入市场的碳总量"、"企业初始碳存量"、"碳价格"、"企业减排系数"、"碳市场企业违约惩罚力度"以及"结算日企业交易阶段"等又是造成这种"人和物的不安全行为和状态"的关键因素，其中，碳市场企业违约惩罚力度表现为碳市场企业违约处罚的政策制定和政策工具选择。

第三节　碳市场违约风险影响因素作用机制

基于海因里希因果连锁论和能量意外释放理论，通过对区域碳市场企业两阶段交易决策的模拟分析，本章明确了碳市场企业违约风险关键因素为"碳市场未启动时，可用于分配和投入市场的碳总量"、"企业初始碳存量"、"碳价格"、"企业减排系数"、"碳市场企业违约惩罚力度"、"结算日企业交易阶段"，为便于下文论述这些因素关联性及其对碳市场企业违约风险的作用机制，本章将"碳市场未启动时，可用于分配和投入市场的碳总量"简称为"碳总量"，将"碳市场企业违约惩罚力度"即碳市场企业违约处罚的政策制定和政策工具选择，简称为"碳市场政策"，用式（10－13）中阶段点 k 表征"结算日企业交易阶段"。并根据式（10－17）和式（10－18），以天津市碳市场为例，进行算例分析。

一、数据选取与算例分析

1. 模型数据选取

与北京市、上海市、深圳市等其他6个中国区域碳市场相比，天津市碳市场起步较早，制度较为完善，且有效数据的获得性较好。因此，选择天津市碳市场相关数据，有助于较为科学、合理地分析中国区域碳市场企业违约风险关键因素作用机制。根据 2014 年发布的《天津市碳排放权交易管理暂行办法》[①] 和《碳排放权交易试点纳入企业 2013 年度碳排放核查工作》[②]，天津市碳排放权交易周期为 1 年，纳入企业标准为 2011～2013 年年碳排放量 2 万吨以上的企业，涉及电力热力、钢铁、石化、化工和油气开采 5 个行业，共计 114 家。根据 2014 年核查报告显示，天津市石化企业基准年产值为 7000 万余元，因而，可设 m = 114；c = 7000；假设企业每年可进行 200 次交易，即 n = 200；碳价格系数 β = 0.3；企业减排技术系数 ξ = 3；根据 2013～2014 年，天津市碳市场碳价格波动情况，假设碳价格符合均值为 30 且方差为 20 的正态分布；据此，本章以天津市碳排放权交易体系为蓝本，进行算例分析，研究企业违约风险关键因素之间的变化关系。

2. 描述性分析

（1）阶段点与碳总量。通过以上数据与模型估计碳总量与阶段点变化趋势如图 10－4 所示：伴随阶段点 k 的增大，碳总量呈现减速下降趋势。碳总量曲线、碳总量阶段下降百分比曲线以及碳总量阶段下降加速度百分比曲线的下降趋

① 详见《天津市人民政府办公厅关于印发天津市碳排放权交易管理暂行办法的通知》，来源于天津市人民政府网，http://www.tj.gov.cn/zwgk/wjgz/szfbgtwj/201312/t20131224_ 227448.htm.2015/01/25。
② 详见《市发展改革委关于开展碳排放权交易试点纳入企业 2013 年度碳排放核查工作的通知》，来源于天津市发展和改革委员会门户网站，http://www.tjdpc.gov.cn/zwgk/zcfg/wnwj/ny/201406/t2014060551471.shtml 2015/01/25。

势类似于反比例函数在第一象限图像。其中，碳总量曲线和阶段下降百分比曲线伴随阶段点增大而平滑下降；碳总量阶段下降加速度百分比曲线在反比例函数拐点之后呈现波动下降趋势。即碳市场纳入企业进入被动交易阶段的时间越晚，碳市场未启动时，用于分配和投入市场的碳总量可设定的越小，但当阶段点落于碳总量下降曲线拐点后，碳总量变动幅度逐渐减小，直至近似水平。由图 10 - 4 可知，若阶段点大于 70，碳总量变动范围低于 2%，当阶段点大于 160 时，碳总量变动幅度约为 1%。

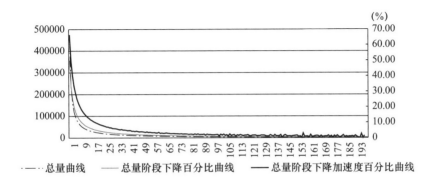

图 10 - 4　碳总量与阶段点关系①

（2）碳价格、碳总量和企业初始碳存量。根据本章第二节碳市场企业违约风险关键因素的识别结论，碳价格因素与碳总量和企业初始碳存量都具有一定的联系。因此，本章从碳价格期望和波动角度，探寻其与碳总量和企业初始碳存量的相互关系。绘制碳价格与碳排放权总量图，如图 10 - 5（a）、（b）、（c）所示，各图中左侧为碳总量曲线，右侧为企业初始碳存量曲线。由图 10 - 5（a）可知，相同期望和不同方差碳价格的对应的碳总量曲线重合，同情境下企业初始碳存量曲线亦重合；而异期望同方差下，碳排放权总量及行业总量曲线随着期望的

① n = 200；m = 114；β = 0.3；c = 7000；η = 1.8；ξ = 3；碳价格符合均值为 30，方差为 8 的正态随机序列。

京津冀区域碳减排能力测度与合作路径研究

增大而上升，如图 10 - 5（b）所示；考虑同期望同方差不同概率分布的碳价格变化，如图 10 - 5（c）所示，和图 10 - 5（a）变化趋势相同，碳排放权总量曲线及行业总量曲线在各自情境下重合。

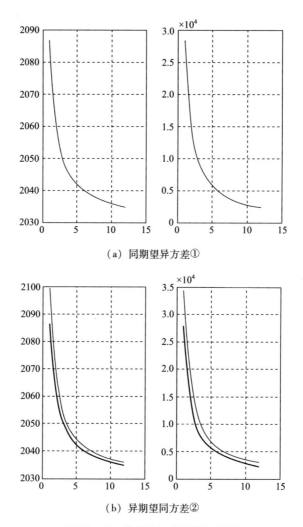

（a）同期望异方差①

（b）异期望同方差②

图 10 - 5　碳价格与碳排放权总量

---

① 假设碳价格变化符合期望为 30 下方差分别为 8 和 20 的正态分布。
② 假设碳价格变化符合方差为 20 下期望分别为 30 和 500 的正态分布。

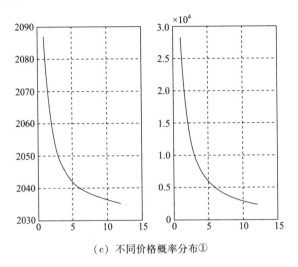

（c）不同价格概率分布①

图 10 - 5　碳价格与碳排放权总量（续）

（3）减排系数、碳总量和企业初始碳存量。如图 10 - 6 所示，图 10 - 6（a）最下方曲线为企业减排效率为 3 时碳总量随阶段点变化趋势线，向上各碳总量曲

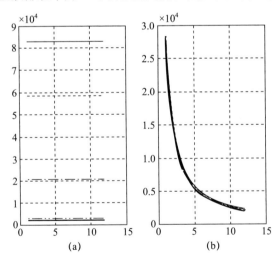

图 10 - 6　不同减排效率对比②

---

① 假设碳价格符合期望为 30 下方差为 8 的正态分布及均衡分布。
② 假设碳价格变化符合期望为 30 下方差为 8 的正态分布，企业减排效率分别为 3、4、5、10、20。

线的企业减排系数依次为4、5、10及20，易见随着企业减排系数的增大，碳总量曲线呈现跃层性下降趋势。图10-6（b）为相同企业减排系数情境下，企业初始碳存量变化趋势线。各曲线随着企业减排系数增加而减少，从表10-1可看出，不同企业减排系数曲线下降趋势相近，相邻企业初始碳存量曲线之间，在相同阶段点，企业初始碳存量差值逐渐减少。

表10-1 减排系数、阶段点和企业初始碳存量对照

d	e = 3	e = 4	e = 5	e = 10	e = 20	Δe1	Δe2	Δe3	Δe4
k = 1	28147	27512	27124	26356	25978	634	389	767	379
k = 2	14078	13761	13566	13182	12993	317	194	384	189
k = 3	9386	9175	9045	8789	8663	212	130	256	126
k = 4	7040	6881	6784	6592	6497	159	97	192	95
k = 5	5632	5505	5427	5274	5198	127	78	154	76
k = 6	4694	4588	4523	4395	4332	106	65	128	63
k = 7	4023	3933	3877	3767	3713	91	56	110	54
k = 8	3520	3441	3392	3296	3249	79	49	96	47
k = 9	3129	3059	3015	2930	2888	71	43	85	42
k = 10	2816	2753	2714	2637	2599	63	39	77	38
k = 11	2560	2503	2467	2397	2363	58	35	70	34
k = 12	2347	2294	2262	2198	2166	53	32	64	32

（4）碳价格系数、碳总量和企业初始碳存量。如图10-7所示，在碳价格变化一定的情况下，假设符合期望为30、方差为8的正态分布，企业初始碳存量曲线［见图10-7（a）］和碳总量曲线［见图10-7（b）］对应的碳市场价格系数，由下至上分别为0.3、0.4、0.5、0.6、0.7。由此可见，碳市场价格系数的增加，会引起碳总量及企业初始碳存量曲线上移，即相同阶段点下，碳排放权总量值增大。但碳市场价格系数的变化，无法改变企业初始碳存量曲线［见图10-7（a）］和碳总量曲线［见图10-7（b）］下降趋势。

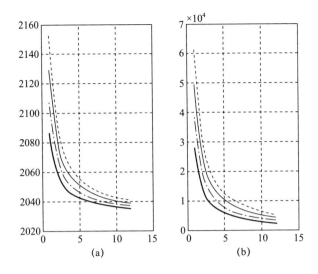

图 10 - 7　不同市场价格碳排放系数与碳排放总量变化①

二、碳市场违约风险因素关联性分析

根据以上算例分析，可见阶段分阶点，即企业在结算日所处的交易决策阶段对于碳总量及企业初始碳存量设定影响较为明显，且单周期内，企业进入被动交易的时间越晚，碳总量越趋于平稳，如图 10 - 4 所示，当阶段点大于 160 时，碳总量变动幅度在 1% 左右。因而，延长单周期时间跨度，降低交易固定成本，鼓励多次交易，提高交易频率，有助于降低碳总量，也会在一定程度上提高碳总量和企业初始碳存量设定精度，降低"碳市场可购买碳增量不足"现象发生的概率，避免结算日"企业碳存量小于 0"的事件发生，减少企业违约风险暴露危害。

从碳价格与碳总量和企业初始碳存量的关系（见图 10 - 5）可以看出，碳价格波动幅度、碳价格分布形态与碳总量和企业初始碳存量的变化无关，碳价格期

① 假设碳价格变化符合期望为 30 下方差为 8 的正态分布，曲线由下至上的市场价格碳排放系数分别为 0.3、0.4、0.5、0.6、0.7。

望是决定碳总量和企业初始碳存量的关键因素。这表明，单周期内完全对冲的碳价格幅度调节，对碳总量和企业初始碳存量的设定无影响，也说明在碳总量和企业初始碳存量设定合理的情况下，对称性地调节碳价格变化幅度，可以降低"碳市场可购买碳增量不足"现象的发生概率，进而减小企业违约风险暴露的可能性。

减排系数表征单位减排量下企业减排成本，表征了企业减排技术能力，数值越大减排能力越差，反之数值越小，减排能力越强。如图 10-6 所示，当整个碳市场减排技术提升时，企业初始碳存量需求会减少，也能够在极大程度上降低碳总量的需求水平。但是，当仅有一部分企业减排能力提升，减排成本下降，而碳市场价格居高不下时，会促使"企业恶意违约行为"产生。例如，在临近碳市场交易结算日，各企业为避免违约惩罚，碳增量购买需求增加，碳市场价格持续增高。当碳市场价格远高于企业减排成本和违约惩罚时，选择"恶意违约行为"可获得高于履约的收益，"企业恶意违约行为"产生，结算日"企业碳存量小于0"事件出现，企业违约风险暴露。

碳市场价格系数体现了碳价格与市场中可购买的碳增量数量的变化关系，表征了市场中碳增量对碳价格变化的敏感程度。由图 10-7 可知，碳价格系数的增加会导致碳总量和企业初始碳存量需求水平的提高，可能会引发结算日"碳存量小于0"事件。这主要是因为碳市场价格系数增大，可用于购买的碳增量减少，碳市场可能会出现"可购买碳增量不足"状态，企业没有足够的碳增量以弥补逐渐消耗的碳存量，在结算日到来之时，自然只能选择违约行为。

三、研究结论

根据区域碳市场风险关键因素"碳市场未启动时，可用于分配和投入市场的碳增量总量"、"企业初始碳存量"、"碳价格"、"碳市场企业违约惩罚力度"以及"结算日企业交易阶段"的关联性研究，本章综合运用海因里希因果连锁论和能量意外释放理论，绘制区域碳市场企业违约风险关键因素作用机制图，如图 10-8 所示。

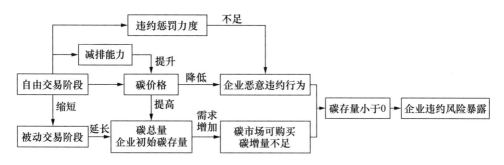

图 10 - 8　区域碳市场企业违约风险关键因素作用机制

资料来源：根据相关文献，笔者自行整理。

　　由图 10 - 8 可知，"结算日企业交易阶段" 可分为自由交易阶段和被动交易阶段。在自由交易阶段，减排能力提升、违约惩罚力度的不足以及碳价格的降低都会引发 "企业恶意违约行为"。自由交易阶段缩短会引发被动交易阶段延长导致碳总量和企业初始碳存量需求增加，产生结算日 "碳市场可购买碳增量不足" 状态。自由交易阶段碳价格的提高也会导致初始碳总量和企业初始碳存量需求增加。整体而言，"结算日企业交易阶段" 对引发企业风险的不安全行为和状态不具有直接作用。减排能力、违约惩罚力度、碳价格以及碳总量和企业初始碳存量的变化直接影响企业违约风险的暴露。其中，碳总量和企业初始碳储量具有相同的风险作用机制。碳价格的提高和降低都可能会引发企业违约风险的产生。

第四节　碳市场政策工具对企业违约风险的影响

　　政策工具的广义定义是指政策实施者和决策者，采用或者可能采用的、以实现一个或者多个政策目标的一种手段（顾建光，2006）。通过第十章第三节对碳市场企业违约风险关键因素的识别和作用机制的分析，本章得出 "碳市场企业违约惩罚力度" 不足是导致碳市场企业违约风险暴露的直接因素之一。政策工具是决策层政策理念和价值的体现（张韵君，2012），"碳市场企业违约惩罚力度"则是碳市场决策层对企业违约情况的政策体现，因而，研究碳市场政策工具的组成结构有助于探究"企业违约惩罚力度"不足现象产生的根源，也有助于从市场政策角度，进一步识别碳市场企业违约风险关键因素。

一、国内外相关研究现状及方法

一个政策的形成可以理解为政策制定者按照一定的规则，将一系列政策工具单元按照相关性组合构建的过程（王鑫、滕飞，2015），因而政策具有明显的结构性。目前基于中国碳市场政策的研究较少，王鑫和滕飞从经济和贸易指标两个角度分析了中国碳市场免费配额政策对工业的影响。许士春（2012）运用最优化模型探究了市场型环境政策工具对企业碳减排行为的影响机理，认为环境政策严苛程度和企业减排技术水平是影响企业碳减排行为的关键因素。但是二者忽略了碳市场政策的结构性，并未明确指出影响碳市场政策作用效果的关键因素。

内容分析法则是分析政策结构性特征较为常用的方法之一，该方法最早应用于新闻界，第二次世界大战以后，新闻传媒学、社会学、图书馆学以及情报学等领域的专家对内容分析法进行了深入的多学科研究。在过去的 20 多年里，内容分析法作为一种定性与定量相结合的研究方法，在探索、验证和解决管理领域相关的复杂问题方面得到了广泛的应用。Rebecca Morris（2007）指出，内容分析法能够使研究者避免其主观意识所产生的干扰，由此可以更好地对所研究的信息进行分析。随着计算机与信息化技术的迅猛发展，极大地推动了内容分析法在管理研究中的进一步发展与应用。G. Deffner（1986）将内容分析法分为人工模式内容分析、个别单词计数系统内容分析和计算机化人工智能内容分析三大类。Vincent J. Duriau（2007）等在 Ebsco 和 Proquest 数据库中以内容分析为关键词收集了 1980~2005 年重要的学术和业内刊物，并参照管理学报主题的类别将收集的文章的研究主题进行了分类，比较全面和系统地回顾和分析了管理领域中运用内容分析方法的文献，同时还详细地介绍了运用内容分析法进行新兴管理研究的趋势和分类。

邱均平和邹菲（2004）将内容分析法简单地概括为一种对研究对象的内容进行深入分析，透过现象看本质的科学方法，该定义形象地揭示了内容分析法对隐含信息的剖析功能。张慧和王宇红（2007）采用内容分析法对涉及国有企业人才素质要求的文献进行了分析，其通过对文献作者的职业分布和地域分布进行了统计分析，为企业的人才选拔提供了理论指导。赵筱媛和苏竣（2007）结合科技活动特点与科技政策作用领域等因素，构建了公共科技政策分析的三维立体框架，并利用此框架具体分析了《鼓励软件产业和集成电路产业发展若干政策》，为科技政策体系的合理布局及优化完善提供了有借鉴意义的途径和方法。

因此，本章采用内容分析法，根据第十章第三节区域碳市场企业违约风险关键因素的识别结论，筛选中国国家级碳市场政策样本，设计碳市场政策分析框架体系，编码政策样本中各政策工具条文，并进行频数和维度分析，探讨中国碳市场政策结构的合理性，借此分析造成"企业违约风险惩罚力度"不足的潜在因素，为进一步识别区域碳市场企业违约风险关键因素提供理论支持。

二、碳市场政策文本的样本筛选

为提高样本筛选精度，本章对国家发改委、国家科委、国务院办公厅、国家环保局、国家财政部碳市场建设相关的政府门户网站进行了详尽的搜索分析，以"减排"、"排污权"、"碳市场"、"清洁发展"等关键词对近十年来与中国碳市场相关的国家级法律法规、指导意见、管理办法等政策文件进行了筛选，最终选定有效政策样本 15 个，如表 10-2 所示。这 15 个政策样本都包含了与"碳市场未启动时，可用于分配和投入市场的碳总量"、"企业初始碳存量"、"碳价格"与"碳市场企业违约惩罚力度"等碳市场企业违约风险关键因素相关的政策工具。在时间跨度上，从 1989 年首次颁布实施的《中华人民共和国环境保护法》至 2016 年《关于切实做好全国碳排放权交易市场启动重点工作的通知》（发改办气候〔2016〕57 号），基本囊括了中国各个国家部门，颁布的与碳市场建设相关政策文本，因此该政策样本的选择具有一定的全面性、科学性和针对性，能够较为准确地反映近 6 年来中国碳市场建设的政策方针。

表 10 - 2　中国碳市场相关政策样本

编号	政策名称
1	《清洁发展机制项目运行管理办法（修订）》（发展改革委令 2011 年第 11 号令）
2	《国家"十二五"节能减排综合性工作方案》（国发〔2011〕26 号）
3	《关于开展碳排放权交易试点工作的通知》（发改办气候〔2011〕2601 号）
4	《"十二五"控制温室气体排放工作方案》（国发〔2011〕41 号）
5	《温室气体自愿减排交易管理暂行办法》（发改办气候〔2012〕1668 号）
6	《温室气体自愿减排项目审定与核证指南》（发改办气候〔2012〕2862 号）
7	《碳排放权交易管理暂行办法》（发改环资〔2014〕17 号）
8	《节能低碳技术推广管理暂行办法》（发改环资〔2014〕19 号）
9	《关于印发 2014~2015 年节能减排低碳发展行动方案》（国办发〔2014〕23 号）
10	《2014~2015 年节能减排科技专项行动方案》（国科发计〔2014〕45 号）
11	《国家林业局关于推进林业碳汇交易工作的指导意见》（林造发〔2014〕55 号）
12	《关于进一步推进排污权有偿使用和交易试点工作的指导意见》（国办发〔2014〕38 号）
13	《中华人民共和国环境保护法》（1989 年首次颁布实施，2014 年修订）
14	《中华人民共和国大气污染防治法》（主席令第三十一号）
15	《关于切实做好全国碳排放权交易市场启动重点工作的通知》（发改办气候〔2016〕57 号）

资料来源：根据相关文献，笔者自行整理。

三、碳市场企业违约风险相关政策分析框架

根据本书对碳市场概念的界定，可以得出碳市场具有双重属性的结论。一是传统交易市场属性。碳市场是通过各种形态的减排产品交易而存续的一个市场，具有最基本的交易属性；二是减排属性。碳市场是人类为应对日益严峻的气候变化而人为建立的市场，其建立的初衷就是减少二氧化碳等温室气体的排放，以应对气候变化。因此，本书认为，碳市场政策分析框架应具有基于交易属性和减排属性的两个维度。

1. 交易属性维度

考虑交易是市场存在的基础，碳市场作为一个以减排为目标的新兴市场，供给、需求及其供求环境是其存在的基本元素。本章借鉴 Rothwell 和 Zegveld（1985）对科技市场基本政策工具的分类，将基本碳减排政策工具分为供给、环境和需求，三者结构如图 10 - 9 所示。

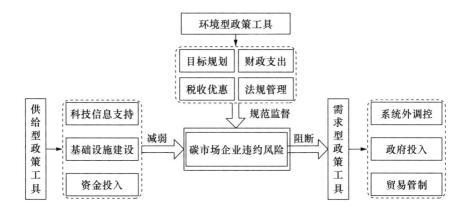

图 10 - 9　碳交易市场建设的基本政策工具

资料来源：根据相关文献，笔者自行整理。

（1）环境型政策工具。环境型政策工具主要是指对企业违约风险存在环境进行设定的规范性政策工具，即政府通过一系列的碳市场制度设计如管理机构权责、交易周期、核查制度等。根据环境类型政策工具对企业违约风险生存环境的约束类别，可分为目标规划、税收优惠、金融支持和法规管理。

（2）供给型政策工具。供给型政策工具是指对碳市场企业违约风险暴露的可能性和危害性具有预防和降低作用的政策工具，即政府通过宣传培训、减排技术资金投入、人才队伍建设、实时检测等相关要素的投入，控制企业违约风险的可能性。供给型政策工具具体又可分为科技信息支持、基础设施建设（包括人才建设）和资金投入。

（3）需求型政策工具。需求型政策工具是指由碳市场企业违约风险暴露具有阻断性的碳市场政策工具，即政府在观测到碳市场企业违约风险暴露或者极有可能暴露的情况时，采取的如调节碳排放权价格、增加市场中可购买的碳排放权量投入、控制交易流程等手段，以降低企业违约风险发生的概率，阻断违约风险传播的危害性。需求型政策工具又可具体分为贸易管制、政府投入、系统外调控（如调控影响碳价格的石油、煤炭等要素价格）等。

2. 减排属性维度

交易属性维度的划分是从控制碳市场企业在交易过程中发生违约风险，保障市场交易顺利、稳定进行角度进行的，但碳市场建立的初衷在于实现减排目标，应对气候变化。因此，碳减排是制定碳市场政策工具亘古永恒的主题。要实现减排目标，除了政策引导外，不断提升企业减排技术，提高减排意识也是重中之重。减排技术水平主要表现为单位产值碳排量、减排边际成本以及减排技术的创新能力，这三者对应的政策工具可以表征为低碳生产、投资强度以及技术研发政策。因此，本章从这三个方面划分碳市场减排属性维度。

3. 碳市场企业违约风险政策工具的二维分析框架

通过对碳市场政策工具基于交易属性和减排属性的维度划分，构建碳市场企业违约风险相关政策工具分析框架如图10-10所示。横坐标轴代表碳市场政策工

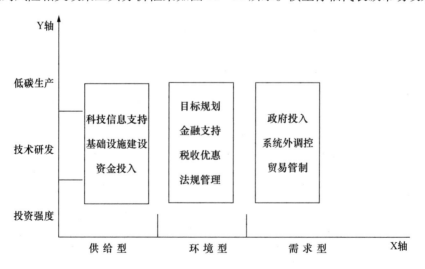

图 10-10 碳市场企业违约风险政策工具的二维分析框架

资料来源：根据相关文献，笔者自行整理。

具的基本属性（交易属性），纵坐标轴表征碳市场的独有属性（减排属性）。两者共同构成了碳市场企业违约风险政策工具的二维分析框架。

四、碳市场企业违约风险政策样本的内容分析编码

在碳市场企业违约风险相关政策分析框架建立之后，需要将对表10－2中已筛选完成的15个与碳市场企业违约风险相关政策样本（以下简称"若干政策"）对照政策分析框架，进行维度和频数分析，根据内容分析法要求，为简化研究过程，需要对"若干政策"按照"政策编号——具体条款或章节"进行编码。经过编码之后，"若干政策"被分为15个政策样本，共计122条具体条款，集中体现了中国国家政府对碳市场企业违约风险的管控偏好，如表10－3所示。

表10－3 中国碳市场企业违约风险政策工具编码

编号	政策名称	政策样本的内容分析单元	编码8
1	《清洁发展机制项目运行管理办法（修订）》（发展改革委2011年第11号令）	第八条 国家设立清洁发展机制项目审核理事会（以下简称项目审核理事会）	[1－8]
		第九条 国家发展改革委是中国清洁发展机制项目合作的主管机构……	[1－9]
		第十条 中国境内的中资、中资控股企业作为项目实施机构……	[1－10]
		……	……
		第三十二条 项目实施机构伪造、涂改批准函，或在接受监督检查时隐瞒有关情况……	[1－32]
2	《国家"十二五"节能减排综合性工作方案》（国发〔2011〕26号）	第十七条 重点推进电力、煤炭、钢铁、有色金属、石油石化、化工、建材、造纸……	[2－17]
		第二十九条 加快节能减排共性和关键技术研发	[2－29]
		第三十条 加大节能减排技术产业化示范	[2－30]
		……	……
		第四十四条 推进排污权和碳排放权交易试点	[2－44]

编号	政策名称	政策样本的内容分析单元	编码8
3	《关于开展碳排放权交易试点工作的通知》（发改办气候〔2011〕2601号）	全文	[3]
…	……	……	……
15	《国家发展改革委办公厅关于切实做好全国碳排放权交易市场启动重点工作的通知》（发改办气候〔2016〕57号）	（一）提出拟纳入全国碳排放权交易体系的企业名单。全国碳排放权交易市场第一阶段将……	[15-2-1]
		（二）对拟纳入企业的历史碳排放进行核算、报告与核查。请民航局……	[15-2-2]
		（三）培育和遴选第三方核查机构及人员。我委正在研究制定第三方核查机构管理办法……	[15-2-3]
		……	……
		附件五　全国碳排放权交易第三方核查参考指南	[15-4-5]

注：受篇幅限制，并未列出全部政策工具编码情况，以"……"代替。

资料来源：根据表3-2所列政策法规，笔者自行整理。

五、描述性统计分析

通过对碳市场企业违约风险相关的中国国家级政策工具编码，依据碳市场企业违约风险政策分析框架的维度，本书对15个政策样本，122条政策条款进行了频数统计，绘制基于交易属性的频数图和统计表，如图10-11和表10-4所示。

图10-11表明，按照碳市场交易属性划分，中国国家级碳市场企业违约风险的政策工具中环境型政策占比最高，约为48.36%，其次为供给型政策30.33%，最后为需求型政策21.31%；环境型政策中法规管理型政策占比62.71%，居于首位，其次为目标规划政策，金融支持和税收优惠政策占比相同，约为5.08%；供给型政策中，基础设施建设类政策和科技信息支持政策总和占比超过97%，资金投入政策仅为2.70%；需求型政策中系统外控制政策独占73.08%，贸易管制政策约为23.08%，政府投入政策仅有3.85%。

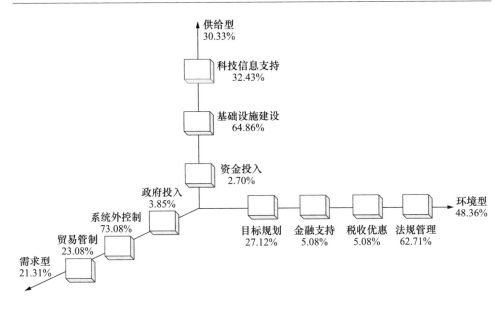

图 10 – 11　碳市场企业违约政策百分比示意

表 10 – 4　基本政策工具维度下各环节统计分析比例

工具类型	工具名称	条文编号	统计	占比（%）
供给型	科技信息支持	［6］、［7 – 12］、［7 – 24］、［7 – 30］、［7 – 35］、［9 – 7］、［9 – 12］、［9 – 13］、［10 – 3］、［11 – 14］、［11 – 21］、［14 – 67］	12	30
	基础设施建设	［1 – 8］、［1 – 9］、［1 – 10］、［2 – 17］、［4 – 6］、［7 – 5］、［7 – 8］、［7 – 9］、［7 – 10］、［7 – 13］、［7 – 16］、［7 – 17］、［7 – 20］、［7 – 21］、［7 – 23］、［7 – 27］、［7 – 36］、［9 – 2］、［12 – 3］、［12 – 6］、［14 – 20］、［15 – 2 – 1］、［15 – 2 – 2］、［15 – 2 – 3］	24	
	资金投入	［7 – 29］	1	

工具类型	工具名称	条文编号	统计	占比（%）
环境型	目标规划	[2-29]、[2-44]、[4-17]、[4-23]、[7-2]、[7-31]、[7-47]、[8-2]、[9-5]、[9-6]、[11-2]、[11-6]、[11-17]、[12-2]、[13-44]、[14-21]	16	48
	金融支持	[2-35]、[4-28]、[9-9]	3	
	税收优惠	[2-33]、[8-3]、[9-8]	3	
	法规管理	[1-12]、[1-13]、[1-14]、[1-15]、[1-16]、[1-17]、[1-18]、[1-19]、[1-20]、[2-36]、[3]、[4-16]、[4-18]、[4-22]、[4-27]、[5]、[7-7]、[7-14]、[7-19]、[7-25]、[7-26]、[7-28]、[7-32]、[7-33]、[7-34]、[7-38]、[7-39]、[7-44]、[9-10]、[11-4]、[11-12]、[11-15]、[12-4]、[12-5]、[12-7]、[15-4-5]、[15-4-5]	37	
需求型	政府投入	[7-11]	1	21
	系统外控制	[1-25]、[1-26]、[1-27]、[1-28]、[1-29]、[1-30]、[1-31]、[1-32]、[4-7]、[4-20]、[4-26]、[7-15]、[7-40]、[7-41]、[7-42]、[7-43]、[7-45]、[7-46]、[9-11]	19	
	贸易管制	[1-21]、[1-22]、[1-23]、[1-24]、[7-18]、[7-22]	6	
总计	NA	NA	122	100

表10-4进一步说明，15个政策样本，总计122条政策工具条款中，资金投入和政府投入类政策仅各有1条；法规管理类政策最多为37条，其次是基础建

设类政策 24 条，再次是系统外控制和目标规划类政策分别为 19 条和 16 条，最后是科技信息支持类项目 12 条；贸易管制、金融支持和税收优惠类政策也较为稀少，分别仅有 6 条、3 条和 3 条。

本章依据碳市场减排属性，从低碳生产、技术研发和投资强度三个碳市场减排属性方面进一步分析碳市场企业违约风险的政策工具频数，绘制碳市场企业违约风险政策工具频数二维分布图，如图 10-12 所示：122 条政策工具中低碳生产类政策共计 37 条，技术研发类政策共计 51 条，投资强度类政策 34 条，分别占比 30.33%、41.80% 和 27.87%。低碳生产类政策中科技信息支持类、基础设施建设类、目标规划类、法规管理类政策条款相对较多；技术研发类政策中法规管理类政策占据主导地位，占比约 45.10%；投资强度类政策中基础设施建设类项目相对较高，科技信息支持、资金投入和政府投入类政策较为稀缺。

	科技信息支持	基础设施建设	资金投入	目标规划	金融支持	税收优惠	法规管理	政府投入	系统外控制	贸易管制
低碳生产	7	6	1	8	0	0	7	1	3	4
技术研发	5	6	0	5	1	1	23	0	10	0
投资强度	0	12	0	3	2	2	7	0	6	2

图 10-12 碳市场企业违约风险政策工具频数二维分布

通过以上描述性统计分析可知，当前与企业违约风险相关的中国国家级碳市场政策工具主要偏向于碳市场政策环境的设定，尤其是碳市场基本管理法规的制定和完善，其中又以碳市场交易的流程规划、核查方法学研究、碳汇建设规范等技术性市场建设政策条款为主；在以降低碳市场企业违约风险发生概率为目标的供给型政策中，与人员、减排技术和机构设置相关的基础性设施建设政策较多，其中关于企业违约监管、企业违约惩罚的基础性政策占据主导地位，资金投入类政策十分稀少；在以应对企业违约风险暴露危害为目标的需求型政策中，来源于碳市场之外的，如行政执法和刑罚体系、节能减排体系、低碳发展体系的系统外调控政策占比极高，尤其是关于行政、刑罚处罚的政策是中国国家级政策中处理企业违约风险暴露危害的重要手段，其次则是基于交易过程规范和监督的贸易管制，而以增加碳总量投入、政府回购等为调整手段的政府性投入政策，占比微乎其微。总体而言，有关财政支持的政策条款共计6条，约占整体的4.92%。

综上所述，2011年至2016年1月，中国碳市场企业违约风险相关的国家级政策条款，偏重于管理机构建设、方法学研究、流程规范的碳市场基本交易框架构建和减排技术的研发，在企业违约风险控制方面，以行政处罚、刑罚等其他系统的惩罚性调控为主，缺乏扎根于中国碳市场的激励性政策工具。整体而言，与企业违约风险相关的中国碳市场国家级政策体系还处于基础建设阶段。

六、研究结论

1. 多主体、多目标政策的叠加在一定程度上阻碍了政策预期效果的实现

由表10-2中碳市场企业违约风险相关的中国国家级政策样本可知，与企业违约相关的"碳总量"、"减排技术水平"以及"企业违约惩罚力度"相关的政策涉及较广，主要包括节能减排政策体系和低碳发展政策体系，政策制定部门既有国家发展和改革委员会，又有国家科学技术委员会、国务院，甚至国家林业局，政策制定主体较多，自然政策制定的目标也存在差异，政策覆盖范围互有重叠。如对企业违约风险影响最直接的碳总量因素设定，既要受到碳排放权交易市场政策约束，也需要受全国排污权总量设定的限制，前者受制于国家发改委，后者又要遵循国务院政府办公厅的政策法规，不同部门，不同设定方法学，不同政策目标，自然也难以相互促进实现政策制定的预期效果。因此，本书认为，这种系统外政策工具的重叠使用是造成"企业违约处罚力度"不足问题的关键因素之一。

2. 监管频率和惩罚力度的增加对违约风险暴露具有双面性

当前与碳市场企业违约风险相关的中国国家级政策文件，着重于通过严格惩罚力度和提高监督水平的方式，降低和阻断企业违约风险暴露的概率和危害。自然这一策略能够降低风险厌恶者违约概率，提高主观履约概率水平，产生类似

"执法杠杆"的额外机理作用。但是有时企业违约情况并不会因为惩罚力度的增加而改变，甚至会通过贿赂等不法行为寻求逃避罪责，此时严苛的处罚力度对于企业违约风险的管理毫无用处，也同样会出现"企业风险处罚力度"不足的情景。且当前碳市场企业违约风险相关的中国国家级政策样本中，并未详细制定企业违约惩罚额度，仅是列举了不同违约情况下的惩罚规则选取。

3. 碳市场企业违约风险相关国家级政策体系缺乏碳价格调控政策工具

根据对 122 条碳市场企业违约风险相关的中国国家级政策条款编码分析，对比第十章第二节碳市场企业违约风险关键因素的识别结果发现，中国国家级碳市场建设相关政策对碳市场碳总量、企业初始碳存量、减排技术水平、违约惩罚力度等因素的调控都有涉及，但是却忽略了碳价格变化对碳市场企业违约行为的影响。通过第十章第三节违约因素作用机制的研究，不难发现"碳价格"在控制碳市场企业违约风险的过程中具有举足轻重的地位，并且不论是碳价格的升高还是降低，都可能引发企业违约风险的暴露。而中国政府在 2015 年就提出，2016年建设统一价格的碳市场体系的承诺，因此，制定合理的价格调控政策工具是当前中国碳市场政策工具研究和企业违约风险管理亟待解决的关键问题。

第十一章 京津冀区域碳市场违约风险阻断策略

第一节 区域碳市场中的行为分析

碳市场是以减少二氧化碳等温室气体排放，降低气候变暖等大气环境变迁对人类健康和生活影响的一个新兴市场。碳市场企业违约风险是在碳市场环境政策规制下，企业的一种不履约状态，体现了碳市场政策执行效率。因此，在广义上，碳市场企业违约风险的产生概率，也是环境政策效率中企业规避法律的一种体现。早先在环境政策效率的分析过程中，企业的这一行为常常被忽略。

一、区域碳市场中企业行为分析

1. 更加严苛的惩罚和监督预期下的履约行为

总体来说，碳市场中，政府会对纳入企业以一定频率进行监管，如一年一次的碳核查等，若发现企业出现违约行为，则采取惩罚措施，反之，企业履约情况良好，则视情况给予一定的奖励。纳入企业以利润最大化为目标，综合考虑企业发展和政府监管规制进行是否违约决策。纳入企业对政府监管处罚不仅要考虑处罚的力度还需要考虑监管惩罚的频率。

根据纳入企业的历史违约情况，对经常违约的企业施以更加严苛的惩罚执法策略，会对企业产生被称为"执法杠杆"的额外守法激励（宣晓伟、张浩，2013）。Harford 和 Harrington（1991）根据企业这一执法策略，通过建立"状态依赖"模型，分析了所得税执法监督频率和企业高遵法概率之间的关系。监管者会参考企业历史违法情况，将监管企业按照历史违法违约概率的高低分为高违法概率企业和低违法概率企业，实行不同监管频率和处罚力度。高违法概率的企业自然会受到高频率的监管审查以及更加严苛的处罚力度。Harford 和 Harrington 研究发现，在这一监管和处罚的决策下，监管者能够提高企业履约概率，企业也能够得到额外的遵守激励。Downing 和 Kimball（1983）进一步指出，对于风险厌恶的企业决策者，更加严苛的惩罚和监管能够为其提供更加有力的遵法履约动机，提高主动守法履约的概率水平。中国区域碳市场采取基于历史排放的企业初始碳排放权分配方式、建立企业违约信用档案等决策制度、企业碳排放计划书申报等，都会引发纳入企业的高概率履约行为，产生额外履约激励。

2. 担心失去政府的补贴和市场信心的履约行为

除了惩罚措施以外，激励也是政府控制碳市场企业违约风险暴露的一种重要手段。减排补贴、政策补贴等激励措施，虽然不会产生惩罚措施下的额外遵法履约激励，但是当纳入企业违约时，将失去减排补贴，丧失政策优惠，损伤企业的成本—效益均衡状态。且市场可能更加青睐能够遵法履约的企业，部分消费者更加愿意选择这类具有较低违约风险企业的产品，从而遵法履约的企业能够获得更多的产品销量。中国碳市场还处于起步阶段，参与碳交易的企业多为大型公开交易的企业，这类企业占据了区域碳市场企业违约风险中很大的组成部分。这类企业的决策者，如果拥有所有公开交易的多元化投资组合，那么就有可能将碳减排的意识加入企业日常生产过程中，会比其他企业更倾向于履约决策选择。此外，行业协会和社会规范也会在一定程度上降低碳市场企业违约风险的暴露概率。

3. 企业选择不完全遵守履约标准的规避行为

碳市场的实际运行中，企业还可能会通过贿赂执法人员等其他手段，以花费其他资源的形式来避免监管者处罚。Becker（1998）通过构建最优规划模型，研究监督频率和抓住违法者违法行为之间的关系发现，执法边际成本在数值上等同于每个单位通过执法而带来的社会边际收益。企业通过花费其他资源而避免监管者处罚的规避行为，则会导致这一最优处罚均衡状态的复杂化，对政府监管效果，造成不小的影响。Harford（1987）也认为当存在规避行为时，提高监管频率会降低企业规避的边际价值，也会降低企业最优减排水平。这说明企业实际减排能力，可能不随着监管频率和处罚力度的改变而变化。Lee（1984）进一步分析了排污费用和企业实际减排量之间的关系，认为提高排污权费用并不一定能增加企业减排量，反而在一定程度上促使企业需求规避手段代替减排行动，以规避监管机构处罚。可见，提高处罚力度对于预防碳市场企业违约行为，具有直接和间接的双重效应。直接效应表现在违法成本增加，部分企业违约概率降低；间接效应表现为面临更高处罚的企业对罚款的抵抗，以及通过贿赂执法人员避免违约处罚的规避行为。例如，碳排放权交易机制、清洁发展机制等基于"总量控制和交易"的市场型减排政策工具，与传动命令—控制型的减排政策相比，能够在一定程度上减少碳市场企业这种规避行为。

4. 企业主动或被动的违约行为

除了上述几种行为外，碳市场中企业还存在主动违约行为或者被动违约行为。主动违约行为是指企业为了追求超额利润，故意违约的行为；被动违约行为是指企业具有履约意愿，但是由于企业发展水平、减排技术投入、买卖操作失误等原因无法从碳市场中购买到足够碳排放权或者减排项目，而造成违约的行为。根据海因里希因果连锁论，前者是碳市场企业基于遗传和个人意志而产生的人的不安全行为，后者是企业受到外部不安全环境因素影响，而被动做出的决策选择。两者最终都会致使企业违约行为的产生，但主动违约行为能够为企业带来一定的收益。

二、区域碳市场中政府行为分析

Coben（1998）将政府部门在环境管制中的执法行为理论分为官僚行为理论、规制经济学以及中值选民模型三类，据此，区域碳市场政府行为也可分为以下四类：

1. 基于规制经济学的管制行为

规制经济学表现为对政府实施管制的一系列政策法规、措施方案等进行的全面系统研究。在区域碳市场中，主要表现为通过发放碳排放权、核证减排量、碳减排技术或者碳核查技术标准来实现对碳市场的经济性管制，主要包括对企业进入和退出碳市场、碳定价等方面进行的管理和调控以及对企业碳排量的限定和减排技术的推广行为。根据规制经济学理论，碳市场管理机构希望能够最大化其碳减排的政治目的。但是在实际过程中，企业感受到履约成本难以接受，而违约又面临这难以承担的处罚时，会考虑对管制机构进行施压。如天津市碳市场首次初始碳排放权分配之后，多数企业通过要求重新核定排放量，向碳市场管理机构施压，以寻求更多配额。

2. 基于官僚行为理论的政府行为

政府人员可以通过获得更多的预算而获利（如获得更高的薪酬以及额外的补贴和地位）是官僚行为理论的一种重要假设。这是由负责具体执行的工作人员和政府之间的信息不对称所导致的。如中国区域碳市场建设工作，是由中央政府发起的，由地方政府执行，地方发改委等部门具体负责实施。为取得最好的工作成果，具体执行部门必然按照最大预算进行碳市场建设工作，因此，可能会产生额外的监管行为。而企业也可能通过"试探性违约"方式，探寻市场监管者的行为类型，选择不完全遵守履约标准的规避行为，规避违约处罚①。

3. 环境效益最大化目标的政府行为

这一政府行为主要存在于西方发达国家，如在美国，环保部门具有一定的执

---

① Gath W. , Pething R. . Illegal Pollution and Monitoring of Unknown Quality——A Signaling Game Approach [M] . Conflicts and Cooperation in Managing Environmental Resources, New York：Springer – Verlag, 1992.

法权力，甚至具有刑事拘捕的权力。因此，环保部门的执法目标可以界定为"环境效益最大化"。这与"环境经济效益最大化"相比，不需要综合考虑社会经济发展、贫富分化等其他社会问题，只需要追求环境效益最优，甚至不需要考虑执法成本问题。但实际上，监管成本是必然存在的，环境监管部门在执法的过程中不得不考虑执法预算问题。尤其是监管部门如果希望提高激励程度，或者增加监管范围，必然会产生额外的执法成本，企业的规避行为在一定程度上也会造成监管部门执法成本的增加。因此，"环境最大化目标"政府行为很难实现①。

中国在碳市场相关法规建设中，也会出现"最大化环境效益"与"最大化环境经济效益"的矛盾。国家《碳排放权交易管理暂行办法》中，第一条明确指出："为推进生态文明建设，加快经济发展方式转变……，制定本办法。"从字面理解，中国政府开展碳市场建设的主要目标在于加快经济方式转变，即走"低碳经济"发展道路。碳市场建设的实质还是推动经济发展水平提升，因而，关系国计民生的铁路、运输、军事、医院、学校等产业和设施都不在当前碳市场覆盖范围之内。在环境开发规划方面也同样如此，北京市、天津市、河北省等经济较发达地区高污染企业逐步整治合并、转型升级或关闭停业，但是西部等经济欠发达地区此类高污染、高排放、高耗能企业和项目仍在大力建设，"最优环境经济效应"仍是当前政府碳市场建设行为的主要目标。

4. 基于中值选民理论的政府行为

基于中值选民理论的政府行为主要是指政府制定的相关政策法规，采取的管制行动，并非针对每一个被监管的偏好，而是只注重偏好正好分布在中间的被监管者。碳市场中政府的中值选民行为表现为其监管行为在一定程度上能够实现市场的帕累托最优，但是并不一定能够一直处于最优状态。Hahn（1990）通过对污染管理寻租问题的研究指出，若工业企业组织性较好，政府会在管理成本的限制下，偏向于工业企业利益，而不是环境利益。并且由于信息不对称问题，这一

———————————
① Jones C. A. , Scotchmer S. . The Scoical Cost of Uniform Regulatory Standards in a Hierarchcal Government [J] . Journal of Environmental Economics and Management，1990（19）：61 –72.

偏离过程可能并不会被多数人所察觉。

中国政府历来重视环境治理问题，1989 年就制定了《中华人民共和国环境保护法》并经过了多次修订，在《中华人民共和国宪法》中也添加了环境保护等相关条文。但是，中国政治体制改革尚未完善，区域地方性保护主义依然存在，这也在一定程度上影响了中央政治法令的有效推广和贯彻实施。中国七个区域碳市场同时获准建设，但各市场正式启动的时间相差近一年，运行情况更是参差有别，由此可见一斑。中国中央政府、地方政府以及纳入企业在碳市场中行为的相互关系，如图 11-1 所示。

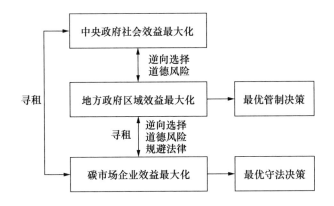

图 11-1 环境管制模型中各参与主体的行为决策

资料来源：根据相关文献，笔者自行整理。

作为人民意志代表的中央政府，在环境问题日益严重、威胁人民身体健康和社会效益时，会制定严苛的法律和环境标准加以控制，如碳市场建设。但是在这些法规和政策实施的过程中，必然会影响一部分利益集团的利益，这一利益集团就包含了地方政府和部分企业，此时具体执行部门就可能出现寻租行为。地方政府作为中央政策在地方的直接执行者，其区域利益也有可能会受到影响。如节能减排政策的推行，迫使河北省多数煤矿开采、煤焦油炼化企业停业整顿，以寻求转型升级道路，河北省地方财政收入必然受到波及。因此地方政府也可能会出现寻租行为。这使得部分企业可能选择不完全执行法规标准的规避行为。

三、区域碳市场政策企业家行为分析

从区域碳市场中企业和政府的行为可以看出，部分纳入企业存在不完全执行法规标准的规避行为，可能会通过接触碳市场监督执法部门，花费其他资源，进行违约处罚规避。在政府内部，也存在试图通过获得更多的预算而获利（如获得更高的薪酬以及额外的补贴和地位）的官僚行为。这两者之间具有一定的共性：他们都是"那些通过组织、运用集体力量来改变现有公共资源分配的人"，而这一类人在公共管理领域统称为政策企业家。在碳市场中公共资源主要表现为可交易的碳排放权及核证减排项目，政府和企业中的政策企业家都愿意通过投入一定的精力、时间、金钱和声誉促进其规避违约处罚、获得更多预算的主张得以实现，从而获得经济利益和预期收益，这也是政策企业家存在的重要初衷。因此，结合中国碳市场建设体系，绘制中国区域碳市场政策企业家行为结构图（见图 11 - 2）。

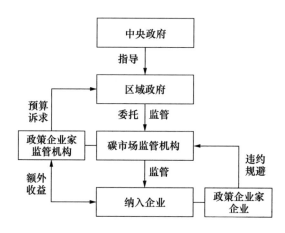

图 11 - 2　中国区域碳市场政策企业家行为结构

资料来源：根据相关文献，笔者自行整理。

由图 11 - 2 可知，中国碳市场中存在两类政策企业家：政策企业家监管机构和政策企业家企业。根据中国碳市场建立的实际情况，中央政府发起碳市场建设

通知，要求区域政府实施建设；区域政府在其下属机构中选择监管机构，委托其对纳入企业进行监管。在这一流程中，碳市场监管机构仅负责具体碳核查、企业碳排放计划书申报、纳入企业履约情况监管等具体实施性工作，不具有碳排放权和核证减排项目分配以及企业的奖惩的权力，但是对分配和奖惩结果具有一定的影响性，并且这一类碳市场监管机构多为区域政府直属的企事业单位。例如，天津市碳市场的监管机构为碳排放权交易管理中心，上海市碳排放权监管机构为上海市环境能源交易所。这类监管机构本身也具有企业性质，在一定程度上，它也可以视为政策企业家性质的企业，它的违约行为表现在未完成政府部门委托的相关工作，如未做好碳市场碳排放权总量控制，即当期碳市场企业碳排放量超出政府规定指标。在纳入碳交易的企业中，存在一些对区域经济发展贡献巨大，但碳排放量同样巨大的企业，如税收纳入地方财政的钢铁企业、石化企业，它们对于区域碳市场政策具有举足轻重的影响，主要表现为初始碳排放权分配的占比较大，发生违约行为后，处罚力度相对较弱等问题。因此，当违约处罚严苛时，这类企业会通过花费其他资源来寻求违约规避。

可见，政策企业家的存在，使得中国区域碳市场中监管机构与被检监管企业之间的关系更加复杂化，也必然使得碳市场企业违约风险暴露的概率大大增加。因此，本章接下来会通过最优规划理论和演化博弈理论，探讨政策企业家监管机构和政府，政策企业家监管机构和纳入企业之间的相互关系，提出政策企业家存在下的碳市场企业违约风险阻断策略。

第二节 政策企业家存在下区域政府的监管行为分析

根据本章第一节碳市场政策企业家行为分析，碳市场中存在政策企业家性质的监管机构（以下简称监管机构）和政策企业家性质的企业，前者本质上仍属于企业，只是具有影响碳市场政策制定的能力，在行为上也受到政府部门的监管，其违约风险的暴露表现为：结算日，碳市场总体碳排量超出政府期初设定的市场碳总量。后者违约表现与前文论述相同，即结算日，企业碳存量小于0。又据本章第一节政府行为论述，政府监管频率和处罚力度会影响政府监管成本，也会影响企业违约决策选择。因此，本节将从监管频率和处罚力度角度出发，分析政府监管成本，探讨政策企业家企业存在的情景下，政府对政策企业家监管机构和纳入企业的最优监管成本，据此分析企业违约风险变化情况。具体分析结构如图 11 - 3 所示。

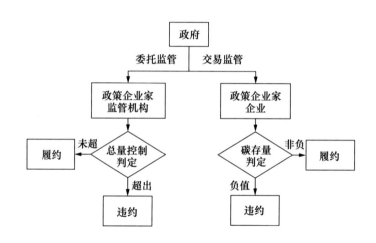

图 11 - 3　区域政府的监管行为分析框架

资料来源：根据相关文献，笔者自行整理。

一、理论模型设定

假设碳市场为不完全信息的竞争性市场，存在 n 个政策企业家性质企业和 1 个政策企业家监管机构，两者风险偏好均为中性，以成本最小化为准则，考虑碳交易问题。设 $c_i(e_i)$ 为政策企业家企业 i 的减排成本函数，满足 $c_i'(e_i) < 0$、$c_i''(e_i) > 0$，是严格递减的凸函数，其中 e_i 为企业 i 碳排量。$\theta \in [\theta_1, \theta_2]$，$(0 <$

$\theta_1 < \theta_2$)表征企业减排技术水平,即单位减排量的成本,其数值越大表明企业减排能力越差,反之,数值越小,说明企业减排技术水平越强。

根据图 11-3,政府对政策企业家监管机构的监管行为,表现为评判碳市场是否实现减排目标,即碳市场企业碳排量总和是否超出了期初设定目标,若超出则认为政策企业家监管机构未完成委托工作,视为违约。在此情景下,设$c(e)$为碳市场减排成本函数,满足 $c(e) = \sum_i c_i(e_i)$,且 $c'(e) < 0$、$c''(e) > 0$,是严格递减的凸函数,其中 $e = \sum_i e_i$ 为碳市场整体碳排量。政府根据碳市场企业上报的排放计划书以及国家减排目标,设定的碳总量为 E,碳市场实际碳排放总量与设定值之差 v 满足 $v = E - e$。当 $v \geq 0$ 时政策企业家监管机构履约(Compliance),当且仅当 $v = 0$ 时,政策企业家监管机构完全履约策(Perfect Compliance);当 $v < 0$ 时,说明政策企业家监管机构违约(Uncompliance)。

根据图 11-3,政府对政策企业家企业的监控行为,表现为在交易结算日,企业碳存量是否为负值的判定,若为负值则说明政策企业家企业违约。设 $L = E$ 表征政府发放期初设定碳总量。考虑市场处于完全竞争条件,存在均衡价格 p^*。v_i^0 为政策企业家企业 i 初始碳存量,l_i 为期初至结算日企业购买的碳增量总和。$v_i = v_i^0 + l_i - e_i$ 表征企业 i 结算日碳存量水平,$v_i \geq 0$ 时,政府判定政策企业家企业履约,当且仅当 $v_i = 0$ 时,政策企业家企业完全履约策(Perfect Compliance);当 $v_i < 0$ 时,说明政策企业家企业违约(Uncompliance)。

政府会不定期地委托政策企业家监管机构对企业 i 的实时碳排放量进行监察,监察频率为 π_i,π_i 越大政府监管力度越强。若企业 i 发生违约行为,则根据情况给予处罚,设惩罚函数为 $f(-v_i)$,满足 $f(0) = 0$,$f'(0) > 0$,$f''(0) > 0$,是关于 $-v_i$ 的严格递增凸函数。并设政府由此产生的单个企业监管成本为 μ_i,惩罚成本为 ξ_i,对于政策企业家监管机构的监管成本为 μ,监管频率为 π,惩罚系数为 ξ。

二、面向政策企业家监管机构的监管行为分析

在对政策企业家监管机构的监督下,政府想要以最小的社会经济成本,完成

碳市场减排目标 E。其社会经济成本组成包括碳市场减排成本，政府监管实施成本以及处罚成本，则政策最优成本规划如式（11-1）、式（11-2）、式（11-3）所示：

$$\min_{\pi,E} c(e) + \mu\pi + \pi\xi f(e-E) \tag{11-1}$$

$$\text{s. t.}\quad e = e(E,\ \pi) \tag{11-2}$$

$$e \leqslant E \tag{11-3}$$

式中，$\pi\xi f(e-E)$ 为监管机构违约惩罚成本。

由于监管机构的惩罚函数 $f(e-E)$ 对于政府而言属于外部变量，则本章通过构建 Lagrangian 函数对上述规划求解，得出式（11-4）：

$$\Lambda = c(e) + \mu\pi + \pi\xi f(e-E) + \lambda[e-E] \tag{11-4}$$

Kuhn-Tucker 条件如式（11-5）、式（11-6）、式（11-7）所示：

$$\frac{\partial\Lambda}{\partial E} = c'(e)\frac{\partial e}{\partial E} + \xi\pi f'(e-E)\left(\frac{\partial e}{\partial E}-1\right) + \lambda\frac{\partial e}{\partial E} = 0 \tag{11-5}$$

$$\frac{\partial\Lambda}{\partial\pi} = c'(e)\frac{\partial e}{\partial\pi} + \mu + \xi\left(f(e-E) + \pi f'(e-E)\frac{\partial e}{\partial\pi}\right) + \lambda\frac{\partial e}{\partial\pi} = 0 \tag{11-6}$$

$$\frac{\partial\Lambda}{\partial\lambda} = e-E = 0,\ \lambda\geqslant 0 \tag{11-7}$$

通过系列的化简变化，本节得出以下命题：

命题1：监管机构完全履约情景下，政府为达到减排目标而增加的惩罚边际成本不小于监督频率下降的监督边际成本时，即满足式（11-8），政府能够在社会经济成本最小的情况下达到减排目标。

$$\mu f''(0) \leqslant \xi(f'(0))^2 \tag{11-8}$$

证明：监管机构完全履约的情境下，即 $e-E\leqslant 0$ 时，联立式（11-5）和式（11-6）可得如式（11-9）所示：

$$\frac{\partial e/\partial E}{\partial e/\partial\pi} = \frac{\xi\pi f'(e-E)}{-\mu-\xi f(e-E)} \tag{11-9}$$

Heyes Anthony（2000）已经证明，在排放总量确定的情境下，最优排放条件如式（11-10）所示：

$$-c'(e) = \pi f'(e-E) \tag{11-10}$$

因此，式（11-10）两边分别对 π 和 E 求偏导得式（11-11）、式（11-12）所示：

$$\frac{\partial e}{\partial \pi} = \frac{-f'(e-E)}{c''(e) + \pi f''(e-E)} < 0 \tag{11-11}$$

$$0 < \frac{\partial e}{\partial E} = \frac{\pi f''(e-E)}{c''(e) + \pi f''(e-E)} < 1 \tag{11-12}$$

将式（11-7）、式（11-11）和式（11-12）式代入式（11-9），化简可得式（11-13）：

$$\frac{\pi f''(0)}{-f'(0)} = \frac{\xi \pi f'(0)}{-\mu - \xi f(0)} \tag{11-13}$$

根据题设 $f(0) = 0$，且 $f(0) \to 0^+$，$\pi \geqslant 0$，式（11-13）化简可得 $\mu_f''(0) \leqslant \xi(f'(0))^2$。

命题 1 证毕。

显然，式（11-8）又可变化如式（11-14）所示：

$$\frac{\mu}{\xi} \leqslant \frac{(f'(0))^2}{f''(0)} \tag{11-14}$$

根据题设，政府监督频率下降，能够降低边际监督成本。式（11-14）表明，若政府要在最小政策企业家监管机构监督成本下，实现减排目标，那么对监管机构的监督频率的变化幅度要小于违约惩罚的同向变化幅度。

命题 2：监管机构违约情景下，政府为达到减排目标而增加的惩罚边际成本等同于监督频率下降的监督边际成本时，可以实现总监督成本最优，即满足式（11-15）：

$$\frac{\mu + \xi f(e - \tilde{E})}{\partial e / \partial \pi} = \frac{-\xi \tilde{\pi} f(e - \tilde{E})}{\partial e / \partial E} \tag{11-15}$$

证明：根据题设，监管机构违约情景下 $e > \tilde{E}$，其中 $\tilde{E}$ 是政府在此情境下可设定的碳市场最优碳总量。式（11-5）和式（11-6）依然满足 KT 条件，式（11-5）两边同除以 $\partial e / \partial \pi$，式（11-6）两边同除以 $\partial e / \partial E$，联立化简之后可得：

$$\frac{\mu + \xi f(e - \tilde{E})}{\partial e / \partial \pi} = \frac{-\xi \tilde{\pi} f(e - \tilde{E})}{\partial e / \partial E}$$

命题 2 证毕。

三、面向政策企业家企业的监管行为分析

政府通过政策企业家监管机构对于政策企业家企业进行监管和处罚，其最优成本规划模型如式（11-16）、式（11-17）所示：

$$\min_{\substack{(v_1,\cdots,v_n) \\ (\pi_1,\cdots,\pi_n)}} \sum_{i=1}^{n} c_i(v_i + l_i(p^*,\pi_i)) + \sum_{i=1}^{n} \mu_i \pi_i + \sum_{i=1}^{n} \pi_i \xi_i f(v_i) \quad (11-16)$$

$$\text{s. t.} \sum_{i=1}^{n} v_i + l_i(p^*,\pi_i) = E, v_i \geqslant 0, \text{且 } i = 1,\cdots,n \quad (11-17)$$

Lagrangian 函数如式（11-18）所示：

$$\Lambda = \sum_{i=1}^{n} c_i(v_i + l_i(p^*,\pi_i)) + \sum_{i=1}^{n} \mu_i \pi_i + \sum_{i=1}^{n} \pi_i \xi_i f(v_i) + \lambda(\sum_{i=1}^{n} v_i + l_i(p^*,\pi_i) - E) \quad (11-18)$$

Kuhn-Tucker 条件如式（11-19）、式（11-20）、式（11-21）所示：

$$\frac{\partial \Lambda}{\partial v_i} = c_i'(\cdot)(\frac{\partial l_i}{\partial p^*}\frac{\partial p^*}{\partial \pi_i} + \frac{\partial l_i}{\partial \pi_i}) + \mu_i + \xi_i f(v_i) + \lambda(\frac{\partial l_i}{\partial p^*}\frac{\partial p^*}{\partial \pi_i} + \frac{\partial l_i}{\partial \pi_i}) = 0 \quad (11-19)$$

$$\frac{\partial \Lambda}{\partial v_i} = c_i'(\cdot) + \pi_i \xi_i f'(v_i) + \lambda = 0, \ \pi_i \geqslant 0,$$

$$\frac{\partial \Lambda}{\partial v_i}\pi_i = 0, \ v_i \geqslant 0, \ \frac{\partial \Lambda}{\partial v_i}v_i = 0, \ i = 1,\cdots,n \quad (11-20)$$

$$\frac{\partial \Lambda}{\partial \lambda} = \sum_{i=1}^{n} v_i + l_i(p^*,\pi_i) - E = 0 \quad (11-21)$$

命题 3：当政策企业家企业选择完全选择履约决策时，满足所有企业监管成本相同条件，即 $\mu_i = \mu_j$，$\forall i, j \in \{1,\cdots,n\}$，且 $i \neq j$，或者满足 $f''(0) = 0$ 时，政府能够在社会经济成本最小的情况下达到减排目标。

证明：当政策企业家企业选择完全选择履约决策时，即任意企业 i 存在 $v_i =$

0，$\xi_i = 0$，$\pi_i > 0$，此时式（11-19）可简化为如式（11-22）所示：

$$\frac{\partial \Lambda}{\partial \pi_i} = c_i{}'(\cdot) + \frac{\mu_i}{\dfrac{\partial l_i}{\partial p^*}\dfrac{\partial p^*}{\partial \pi_i} + \dfrac{\partial l_i}{\partial \pi_i}} + \lambda = 0,\ i = 1,\ \cdots,\ n \tag{11-22}$$

根据题设，碳市场是一个充分竞争市场，企业 i 最优碳排放决策下，满足 $-c_i{}'(\cdot) = p^*$，则政府监督频率为 $\pi_i = p^*/f'(0)$。当 $v_i = 0$ 时，式（11-22）可以进一步化简为式（11-23）：

$$-p^* + \frac{\mu_i}{2\partial l_i/\partial \pi_i} = -\lambda,\ i = 1,\ \cdots,\ n \tag{11-23}$$

对于碳市场中所有政策企业家企业，满足式（11-24）：

$$-p^* + \frac{\mu_i}{\partial l_i/\partial \pi_i} = -p^* + \frac{\mu_j}{\partial l_j/\partial \pi_j} = -\lambda,\ i \neq j,\ (i,\ j) = 1,\ \cdots,\ n \tag{11-24}$$

当 $v_i = 0$ 时，将 $p^* = \pi_i f'(0)$，$\partial l_i/\partial \pi_i = f'(0)/\pi_i f''(0)$ 代入式（11-24），经过一系列化简变化，得出式（11-25）：

$$-p^* + \mu_i \frac{\pi_i f''(0)}{f'(0)} = -p^* + \mu_j \frac{\pi_j f''(0)}{f'(0)},\ i \neq j,\ (i,\ j) = 1,\ \cdots,\ n \tag{11-25}$$

又 $\pi_i = \dfrac{p^*}{f'(0)}$，$\forall i \in \{1,\ \cdots,\ n\}$，式（11-25）可进一步变化为式（11-26）：

$$-p^* + \mu_i \frac{p^* f''(0)}{f'(0)^2} = -p^* + \mu_j \frac{p^* f''(0)}{f'(0)^2},\ i \neq j,\ (i,\ j) = 1,\ \cdots,\ n \tag{11-26}$$

当且仅当 $\mu_i = \mu_j$ 或 $f''(0) = 0$ 时，式（11-26）恒成立。命题3证毕。

命题4：碳市场具有政策企业家性质的企业选择违约决策时，当且仅当 $\mu_i = 0$，$\xi_i = \xi_j$，且 $f(v_i) f''(v_i) = 2(f'(v_i))^2$ 时，碳市场能够实现社会经济成本最优。

证明：当企业选择违约决策时，对于企业 i 存在 $v_i < 0$，联立式（11-19）和式（11-20）求解得出式（11-27）：

$$\frac{\mu_i + \xi_i f(v_i)}{\dfrac{\partial l_i}{\partial p^*}\dfrac{\partial p^*}{\partial \pi_i} + \dfrac{\partial l_i}{\partial \pi_i}} = \pi_i \xi_i f'(v_i),\ i = 1,\ \cdots,\ n \tag{11-27}$$

又由于在竞争性的碳市场中，企业 i 最优排放边际成本满足 $-c_i{'}(\cdot) = p^*$，则此时的均衡价格 p^* 满足 $p^* = \pi_i f{'}(v_i)$，式（11 - 20）可进一步整理变化为式（11 - 28）：

$$(-1 + \xi_i)p^* = -\lambda,\ i = 1,\ \cdots,\ n \tag{11-28}$$

由式（11 - 28）可知，在充分竞争的碳市场中，政府要实现监管社会经济成本的最优状态，则需要满足式（11 - 29）：

$$\xi_i = \xi_j,\ i = 1,\ \cdots,\ n \tag{11-29}$$

根据题设，对 $\forall i,\ j \in \{1,\ \cdots,\ n\}$，当 $i \neq j$ 时，$\mu_i \neq \mu_j$，此时将式（11 - 29）代入式（11 - 27），整理后可得式（11 - 30）：

$$\frac{\mu_i + \xi f(v_i)}{2\partial l_i / \partial \pi_i} = \pi_i \xi f{'}(v_i),\ i = 1,\ \cdots,\ n \tag{11-30}$$

由于 $\partial l_i / \partial \pi_i = f{'}(v_i) / \pi f{''}(v_i)$，因此式（11 - 30）可进一步整理变化为式（11 - 31）：

$$(\mu_i + \xi f(v_i))\frac{f{''}(v_i)}{(f{'}(v_i))^2} = 2\xi,\ i = 1,\ \cdots,\ n \tag{11-31}$$

当且仅当 $\mu_i = 0$，$\xi_i = \xi_j$，且 $f(v_i)f{''}(v_i) = 2(f{'}(v_i))^2$ 时，式（11 - 31）成立。

命题 4 证毕。

命题 3、命题 4 还体现了以下含义：实施基于"总量控制和交易"的碳交易，不仅可以使政府在较低的实施成本下使社会经济成本实现最优，还可以提高碳排放权和减排项目资源的利用与分配，发挥其在充分竞争市场中的风险调节作用。

四、区域政府违约风险调控策略分析

本节通过构建政策企业家存在的区域政府监管成本的最优规划模型，分析了政府监管频率和处罚力度对政策企业家监管机构及政策企业家企业违约行为决策的影响关系。命题 1 至命题 4 分别描述了监管机构和企业履约和违约决策下，政

府的调控手段。

由命题1结论可知，在碳市场政策企业家监管机构选定之后，式（11-14）等号右边比值为一常数，政府只需要保障等号左边监督边际成本和处罚边际成本比值小于这一常数，即可有效防止监管机构违约风险，如命题1所述，区域政府存在以下两种调控政策以降低监管机构违约发生概率：一是监管频率和处罚力度同向变化，但监管频率变化幅度不大于处罚力度变化幅度，这又可分为监管频率和处罚力度同时增加、后者增幅大于前者及两者同时减小，但处罚力度减小幅度依旧大于监督频率。二是监管频率降低，处罚力度提升，两者反向变化。这两种方式直观上都可减小式（11-14）等号左侧比值，但提高监管频率会增大监管成本的绝对值，增加处罚力度能够产生"额外激励"的同时，也可能滋生监管机构的规避行为，因此还需要视情况具体选择。

命题2给出了当政策企业家监管机构违约行为产生之后，区域政府为减小违约风险暴露危害，可采取的决策行为。即调控单位监督成本和处罚成本，使其在数值上相同，此时监管机构违约所产生的危害最小。

由命题3可知，碳市场中区域政府采取所有企业监管频率同等对待策略，或者设定企业违约处罚函数是关于结算日企业碳存量的斜率为正数的线性函数，即处罚力度随着企业违约程度的增加，同比增加时，可有效预防政策企业家企业违约风险的暴露。

通过命题4可以推论，当碳市场中政策企业家企业违约风险暴露之后，政府很难从监督频率和违约处罚力度的角度予以调节，以控制违约风险传染危害。这是由于命题4中，$f(v_i)f''(v_i) = 2(f'(v_i))^2$ 调控决策的内应变量来源于市场中的每一个企业，在不完全信息条件下，对于政府而言属于外生变量。即使在完全信息条件下，由于每个纳入企业决算日碳存量都不同，且碳市场中企业数目众多，区域政府很难有精力、有时间去逐一调控，需要寻找其他非监管频率和处罚力度的调控手段进行调控。

第三节 政策企业家监管机构与企业的
演化博弈分析

根据图 11 - 2，政策企业家监管机构对纳入企业交易情况具有监管职责，考虑这类机构本身也具有企业性质，并非单纯的政府职能部门，与纳入企业之间可能还存在着其他业务往来和利益交集。纳入企业也可能会通过花费其他资源的形式，寻求违约规避，对碳市场企业违约风险的管控造成不利影响。因此，本节运用演化博弈理论，寻求政策企业家管理机构和纳入企业之间的稳定性策略点，并具体提出阻断碳市场企业违约风险的对策建议。

一、模型假设和相关参数

监管机构和企业之间的行为博弈发生于不完全信息下的理性市场空间。参与人难以保证其决策的最优性。因此，在碳市场纳入企业可能会选择违约行为，不遵守交易法规标准，也可能选择履约行为。监管机构一般也会做出监管和不监管的决策。但是在存在政策企业监管机构的碳市场中，监管机构对纳入企业实施监管，是政府通过契约委托其进行的义务，理性决策者不会选择不监管行为。但是其政策企业家的性质，决定了这类监管机构能够通过各种资源影响纳入企业初始碳配额量，即前文所指的企业初始碳存量。因此，监管机构具有高配额和低配额两种决策方式。受信息不完全市场限制，监管机构很难准确预计分配配额的合理性，因此，也会在一定程度上引起纳入企业的不同反映情况，如当纳入企业获得高配额时，会与监管机构建立正向企业关系，能够为政策企业家监管机构带来其他业务的收益，反之，会建立负向企业关系，可能会影响其他业务的合作。

1. 模型建立的相关假设

鉴于此，本节首先对模型建立的外部环境进行规范，提出假设如下：

假设1：碳市场中只存在一个监管机构及一类同质企业，市场为不完全信息理性市场。

假设2：不考虑碳价格的波动性，认为其在单周期内保持稳定，由碳市场决定，对于政策企业家监管机构和纳入企业而言同属于外生变量。

假设3：单个碳市场交易周期内，企业配额不可以截转至下年使用，但结算日期前，可进行减排抵充或者自由交易。

假设4：碳交易市场运行稳定，不存在交易损失。

假设5：碳交易成本包括固定成本、配额买卖成本及违约时产生的违约成本。

2. 相关参数说明

相关参数设定及含义如下：T 为当期可投入市场的配额总量；H 为企业历史碳排放量；T_B 为企业实际碳排量；T_{Gi} 为在监管机构影响下，政府在 θ_i 策略下，分配给企业的初始碳配额。且有如式（11-32）所示：

$$T_{Gi} = \beta_i H \qquad i = 1, 2 \qquad\qquad (11-32)$$

式中，β_i 为监管机构选择策略 θ_i 下的企业初始配额分配系数，$\beta_i > 1$ 说明该企业为政府鼓励发展类型，反之为政府非鼓励或限制发展企业。P_i 为监管机构选择 θ_i 策略时的碳价格，P_i 与中心留存配额数（即前文所说的可用于交易的碳增量）符合线性供给价格函数：$P_i = a - (T - T_{Gi})$，不考虑核证减排量及其他可能产生的碳期货对价格的影响。n 为惩罚系数，满足式（11-33）：

$$M_i = \eta (T_B - T_{Gi}) P_i \qquad i = 1, 2 \qquad\qquad (11-33)$$

式中，M_i 为监管机构选择决策 θ_i，企业选择违约决策的惩罚成本，式（11-33）表示违约企业惩罚成本为当期价格下，排放差额的碳价格与惩罚系数之乘积。

p 为监管机构采取高配额决策 θ_1 比例，反之采取低配额决策 θ_2 比例为 $1-p$；q 为企业选择违约决策（d_1）比例，反之选择履约（d_2）比例为 $1-q$。

二、模型建立的推论及证明

本节界定碳交易成本包含企业为参与碳交易活动按相关法规所必须产生的固

定成本，为减少碳排量而进行技术改革的技改成本以及违约时产生的惩罚成本。监管机构存在为企业配给高于历史排放量的高初始配额策略 θ_1 和低初始配额策略 θ_2；企业具有违约 d_1 和履约 d_2 两种策略。

考虑一个企业和一个监管机构的情况，二者存在以下四种博弈结果：一是监管机构发放高初始配额，企业违约（θ_1，d_1），监管机构由于发放高配额得到无形收益，企业应得到高配额选择放弃技改，承担罚金（或者卖出配额收益）；二是监管机构发放高初始配额，企业履约（θ_1，d_2），监管机构除了无形收益外还可获得拍卖配额所得的管理费用，企业增加碳配额买卖成本；三是监管机构发放低初始配额，企业违约（θ_2，d_1），监管机构由于发放低初始配额与企业交恶，损失无形收益，企业由于配额低于历史排放，开展技改工作，承担罚金；四是监管机构发放低初始配额，企业履约（θ_2，d_2），与（θ_2，d_1）策略相比，中心增加了配额拍卖收益，企业增加了配额交易成本。

命题5：在不完全信息理性市场下，当企业实际排放量大于初始配额时（即 $T_B \geqslant T_G$），不存在可用于卖出的配额 $T_T > 0$，以实现企业碳交易成本的降低，即企业初始配额需要全部用于抵消企业实际碳排量。

证明：运用反证法，假设高排放企业（即 $T_B \geqslant T_G$）存在可卖出的配额 $T_T > 0$，用于降低企业交易成本。

易知，若存在该条件下 T_T，则需要满足交易配额总价值大于惩罚成本，即满足不等式：$T_T P_T > \eta (T_B + T_T - T_G) P_M$，其中，$P_T$ 为交易的平均价格，P_M 为发生违约时的惩罚价格。经过化简可得式（11-34）：

$$(P_T - \eta P_M) T_T > \eta (T_B - T_G) P_M \tag{11-34}$$

由题设相关参数说明，易知 $P_T \leqslant P_M$ 且 $\eta > 1$，则（$P_T - \eta P_M$）< 0，得出式（11-35）：

$$T_T < \frac{\eta P_M}{(P_T - \eta P_M)} (T_B - T_G) \tag{11-35}$$

又假设条件中 $T_B \geqslant T_G$，则 $T_T < 0$，与已知假设 $T_T > 0$ 矛盾，这假设条件1不成立，得出推论1。同时由推论1可知，在违约的情况下，企业不可以通过卖出配额

$T_T (T_T > 0)$，降低其惩罚成本，其惩罚成本 M 满足等式：$M = \eta (T_B - T_G) P_M$。

命题 5 证毕。

命题 6：监管机构选择低配额策略下，若企业实际排量低于初始碳存量，企业交易成本大于高配额策略下成本，即，当 $T_{G1} > T_{G2} > T_B$ 时，满足 $(T_B - T_{G1}) P_1 - (T_B - T_{G2}) P_2 < 0$。

证明：将 $P_1 = a - (T - T_{G1})$，$P_2 = a - (T - T_{G2})$，代入不等式左边得：

$$(T_B - T_{G1}) P_1 - (T_B - T_{G2}) P_2$$
$$= (T_B - T_{G1})(a - T - T_{G1}) - (T_B - T_{G2})(a - T - T_{G2})$$
$$= (T_{G2} - T_{G1})(a - T) + (T_{G2} - T_{G1})(T_{G2} + T_{G1} - T_B)$$

$a - T$ 可看作碳市场未开始交易时，即 $T_{Gi} = 0$ 时的配额价格，此时市场已经形成，显然配额价格 $P \geq 0$，即 $a - T \geq 0$。又 $T_{G1} + T_{G2} > T_{G1} > T_B > T_{G2}$，则 $(T_{G2} - T_{G1}) < 0$，$(T_{G2} + T_{G1} - T_B) > 0$，得证 $(T_B - T_{G1}) P_1 - (T_B - T_{G2}) P_2 < 0$。

三、纳入企业及政策企业家 ESS 策略分析

1. 情景一：企业产量大幅增加情况（即 $T_B > T_{G1} > T_{G2}$）

纳入企业会综合考虑碳市场价格、减排成本以及经济发展形势，在碳市场交易期内，变化企业产量。当企业产业突然增大时，其碳排放量自然随之升高，对于配额的需求量也随之提升，企业更易产生违约风险。在此情景下，基于成本的碳交易损益矩阵如表 11-1 所示。其中，U 为监管机构通过影响政府决策，分配给企业 H 初始配额，能得到企业 H 回报的收益，$U \geq 0$；C 为企业 i 参与碳市场交易活动所产生的固定成本包含企业聘请第三方核查机构开展年度碳核查的费用、企业每年上报碳减排计划费用以及企业减排培训费用等，为常数。

表 11-1 情景一下碳交易成本损益矩阵

p/q	履约 d_1	违约 d_2
θ_1：$\beta_1 > 1$ 高初始配额	$\beta_1 U$，$C + (T_B - T_{G1}) P_1$	$\beta_1 U$，$C + \eta (T_B - T_{G1}) P_1$
θ_2：$\beta_2 \leq 1$ 低初始配额	$-\beta_2 U$，$C + (T_B - T_{G2}) P_2$	$-\beta_2 U$，$C + \eta (T_B - T_{G2}) P_2$

根据表11-1，纳入企业采取违约履约 d_1 的成本期望 $E(d_1)$ 如式（11-36）所示：

$$E(d_1) = p(C + (T_B - T_{G1})P_1) + (1-p)(C + \eta(T_B - T_{G1})P_1) \qquad (11-36)$$

纳入企业采取违约策略 d_2 的成本期望 $E(d_2)$ 如式（11-37）所示：

$$E(d_2) = p(C + (T_B - T_{G2})P_2) + (1-p)(C + \eta(T_B - T_{G2})P_2) \qquad (11-37)$$

纳入企业总体碳交易成本期望 $E(d)$ 如式（11-38）所示：

$$E(d) = qE(d_1) + (1-q)E(d_2) \qquad (11-38)$$

纳入企业履约复制动态方程如式（11-39）所示：

$$F(q) = \frac{dq}{dt} = q(E(d_1) - E(d)) = q(1-q)(E(d_1) - E(d_2))$$

$$= q(1-q)(1-\eta)\left[p(T_B - T_{G1})P_1 - (1-p)(T_B - T_{G2})P_2\right] \qquad (11-39)$$

根据纳入企业履约复制动态方程如式（11-39）所示，令 $\frac{dq}{dt} = 0$，解得情景一下，当 $q^* = 0$，所有博弈策略都是稳定的。

当 $q^* = 1$ 时，当且仅当 $p^* = \dfrac{(T_{G2} - T_B)P_2}{(T_B - T_{G2})P_2 - (T_B - T_{G1})P_1}$ 时，策略为稳定状态。

同理，监管机构高配额复制动态方程如式（11-40）所示：

$$F(p) = \frac{dp}{dt} = p(1-p)(E(\theta_1) - E(\theta_2))$$

$$= p(1-p)(\beta_1 + \beta_2)U \qquad (11-40)$$

当 $p^* = 0$ 或 $p^* = 1$ 时，$\frac{dq}{dt} = 0$，即这两种情况下，所有策略都为稳定状态。

微分方程平衡点的稳定性可根据对该系统的雅克比矩阵局部稳定性分析取得。据此可以分析系统动态稳定性状态。式（11-39）、式（11-40）的雅克比矩阵为：

$$J = \begin{pmatrix} (1-2p)(\beta_1 + \beta_2)U & 0 \\ q(1-q)(1-\eta)\left[(T_B - T_{G1})P_1 + (T_B - T_{G2})P_2\right] & (1-2q)(1-\eta)\left[p(T_B - T_{G1})P_1 - (1-p)(T_B - T_{G2})P_2\right] \end{pmatrix}$$

雅克比矩阵的值和迹分别为：

$$detJ = (1 - 2q)(1 - \eta)\left[p(T_B - T_{G1})P_1 - (1 - p)(T_B - T_{G2})P_2 \right](1 - 2p)(\beta_1 + \beta_2)U$$

$$trJ = (1 - 2q)(1 - \eta)\left[p(T_B - T_{G1})P_1 - (1 - p)(T_B - T_{G2})P_2 \right] + (1 - 2p)(\beta_1 + \beta_2)U$$

该雅克比矩阵在各均衡点处的行列式值和迹见表 11 - 2，稳定性讨论见表 11 - 3。

表 11 - 2 情景一下均衡点处雅克比值与迹数值

平衡点	detJ	trJ
(0, 0)	$(\eta - 1)(T_B - T_{G2})P_2(\beta_1 + \beta_2)U$	$(\eta - 1)(T_B - T_{G2})P_2 + (\beta_1 + \beta_2)U$
(0, 1)	$(1 - \eta)\left[(T_B - T_{G2})P_2 \right](\beta_1 + \beta_2)U$	$(1 - \eta_2)(T_B - T_{G2})P_2 + (\beta_1 + \beta_2)U$
(1, 0)	$(\eta - 1)(T_B - T_{G1})P_1(\beta_1 + \beta_2)U$	$(1 - \eta)(T_B - T_{G1})P_1 - (\beta_1 + \beta_2)U$
(1, 1)	$(1 - \eta)(T_B - T_{G1})P(\beta_1 + \beta_2)U$	$(\eta - 1)(T_B - T_{G1})P_1 - (\beta_1 + \beta_2)U$
$(p^*, 1)$	0	$\dfrac{3(T_B - T_{G2})P_2 - (T_B - T_{G1})P_{12}}{(T_B - T_{G2})P_2 - (T_B - T_{G1})P_1}(\beta_1 + \beta_2)U$
$(p^*, 0)$	0	$\dfrac{3(T_B - T_{G2})P_2 - (T_B - T_{G1})P_{12}}{(T_B - T_{G2})P_2 - (T_B - T_{G1})P_1}(\beta_1 + \beta_2)U$

易见 $p^* = \dfrac{(T_{G2} - T_B)P_2}{(T_B - T_{G2})P_2 - (T_B - T_{G1})P_1}$ 为情景一下的演化稳定策略点。

表 11 - 3 情景一下均衡点稳定性

平衡点	detJ 符号	trJ 符号	稳定状态
(0, 0)	+	+	非 ESS
(0, 1)	−		非 ESS
(1, 0)	+	−	ESS
(1, 1)	−		非 ESS

根据表 11 - 3，情景一中存在唯一（高配额，违约）的 ESS 组合。据此绘制监管机构和纳入企业稳定性演化相图，如图 11 - 4 所示。

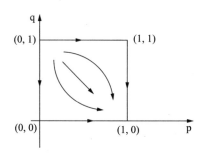

图 11 - 4　情景一下的博弈演化相图

2. 情景二：企业产量趋于稳定情况（即 $T_{G1} > T_B > T_{G2}$）

受产品环境容量等因素的影响，企业可能选择稳定的生产策略，与情景一类似，但这一情景的不同之处在于策略（1，0）即系统（高配额，违约）情景下，企业不存在违约惩罚成本，纳入企业与管理机构损益矩阵如表 11 - 4 所示。

表 11 - 4　情景二下碳交易成本损益矩阵

p/q	履约 d_1	违约 d_2
θ_1：$\beta_1 > 1$ 高初始配额	$\beta_1 U$，$C + (T_B - T_{G1})P_1$	$\beta_1 U$，$C + (T_B - T_{G1})P_1$
θ_2：$\beta_2 \leqslant 1$ 低初始配额	$-\beta_2 U$，$C + (T_B - T_{G2})P_2$	$-\beta_2 U$，$C + \eta(T_B - T_{G2})P_2$

这一情景下，企业采取履约策略 d_1 的成本期望 $E(d_1)$ 如式（11 - 41）所示：

$$E(d_1) = C + (T_B - T_{G1})P_1 \tag{11-41}$$

采取违约策略 d_2 的成本期望 $E(d_2)$ 同式（11 - 37），企业履约复制动态方程如式（11 - 42）所示：

$$F(q) = \frac{dq}{dt} = q(E(d_1) - E(d)) = q(1-q)(E(d_1) - E(d_2))$$

$$= q(1 - q)\left[(T_B - T_{G1})P_1 - (1 + p - \eta p)(T_B - T_{G2})P_2\right] \quad (11-42)$$

分析企业履约复制动态方程，由 $q^* = 0$ 时，$\frac{dq}{dt} = 0$，此时所有策略都为稳定

状态。当或 $q^* = 1$，$p^* = \dfrac{\left[(T_B - T_{G1})P_1 - (T_B - T_{G2})P_2\right]}{\left[(1 - \eta)(T_B - T_{G2})P_2\right]}$ 时，$\frac{dq}{dt} = 0$，亦是企业履

约的另一个稳定状态。

同理，情景二下监管机构高配额复制动态方程及均衡点与情景一相同，如式（11-40）所示。

微分方程平衡点的稳定性可根据对该系统的雅克比矩阵局部稳定性分析取得。式（11-41）和式（11-42）的雅克比矩阵为：

$$J = \begin{pmatrix} (1-2p)(\beta_1 + \beta_2)U & 0 \\ q(1-q)(1-\eta)(T_B - T_{G2})P_2 & (1-2q)\left[(T_B-T_{G1})P_1 - (1+p-\eta p)(T_B-T_{G2})P_2\right] \end{pmatrix}$$

雅克比矩阵的值和迹分别为：

$$\det J = (1-2q)\left[(T_B-T_{G1})P_1 - (1+p-\eta p)(T_B-T_{G2})P_2\right](1-2p)(\beta_1+\beta_2)U$$

$$\mathrm{tr}J = \det J = (1-2q)\left[(T_B-T_{G1})P_1 - (1+p-\eta p)(T_B-T_{G2})P_2\right] + (1-2p)(\beta_1+\beta_2)U$$

该雅克比矩阵在各均衡点处的行列式值和迹见表11-5，稳定性讨论见表11-6。

表11-5 情景二均衡点处雅克比值与迹数值

平衡点	detJ	trJ
(0, 0)	$\left[(T_B-T_{G1})P_1 - (T_B-T_{G2})P_2\right](\beta_1+\beta_2)U$	$\left[(T_B-T_{G1})P_1 - (T_B-T_{G2})P_2\right] + (\beta_1+\beta_2)U$
(0, 1)	$-\left[(T_B-T_{G1})P_1 - (T_B-T_{G2})P_2\right](\beta_1+\beta_2)U$	$-\left[(T_B-T_{G1})P_1 - (T_B-T_{G2})P_2\right] + (\beta_1+\beta_2)U$
(1, 0)	$-\left[(T_B-T_{G1})P_1 - (2-\eta)(T_B-T_{G2})P_2\right](\beta_1+\beta_2)U$	$\left[(T_B-T_{G1})P_1 - (2-\eta)(T_B-T_{G2})P_2\right] - (\beta_1+\beta_2)U$

平衡点	detJ	trJ
(1, 1)	$\left[(T_B - T_{G1})P_1 - (2-\eta)(T_B - T_{G2})P_2\right]$ $(\beta_1 + \beta_2)U$	$-\left[(T_B - T_{G1})P_1 - (2-\eta)(T_B - T_{G2})P_2\right] -$ $(\beta_1 + \beta_2)U$
$(p^*, 1)$	0	$\left[1 - \dfrac{2(T_B - T_{G1})P_1 - (T_B - T_{G2})P_2}{(1-\eta)(T_B - T_{G2})P_2}\right](\beta_1 + \beta_2)U$
$(p^*, 0)$	0	$\left[1 - \dfrac{2(T_B - T_{G1})P_1 - (T_B - T_{G2})P_2}{(1-\eta)(T_B - T_{G2})P_2}\right](\beta_1 + \beta_2)U$

易见 $p^* = \dfrac{(T_B - T_{G1})P_1 - (T_B - T_{G2})P_2}{(1-\eta)(T_B - T_{G2})P_2}$ 为情景二下，纳入企业演化稳定性策略点。

表 11-6 情景二下均衡点稳定性

平衡点	detJ 符号	trJ 符号	稳定状态	稳定条件
(0, 0)	-	+	非 ESS	
(0, 1)	+	+	非 ESS	
(1, 0)	+	-	ESS	$\eta < 2 + \left[(T_{G1} - T_P)P_1\right] / \left[(T_P - T_{G2})P_2\right]$
(1, 1)	+	-	ESS	$\eta > 2 + \left[(T_{G1} - T_P)P_1\right] / \left[(T_P - T_{G2})P_2\right]$

易见，情景二下，监管机构和纳入企业系统存在两个 ESS 组合，当惩罚因子满足 $\eta < 2 + \dfrac{(T_{G1} - T_B)P_1}{(T_B - T_{G2})P_2}$ 时，（高配额，违约）为 ESS 策略，当 $\eta > 2 + \dfrac{(T_{G1} - T_B)P_1}{(T_B - T_{G2})P_2}$ 时，（高配额，履约）为 ESS 策略。据此绘制监管机构和纳入企业稳定性演化相图，如图 11-5 所示。

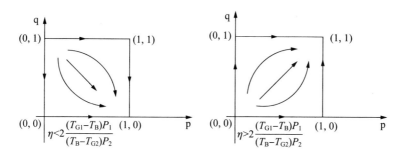

图 11 – 5 情景二下的博弈演化相图

3. 情景三：企业产量大幅萎缩情况（即 $T_{G1} > T_{G2} > T_B$）

受经济形势下滑、恶意竞争、企业管理水平等因素影响，企业产量可能会出现大幅下降的情景，该情景下企业排碳量自然也会相应较低，建立情景三下碳市场交易成本损益矩阵如表 11 – 7 所示。

表 11 – 7　情景三下碳交易成本损益矩阵

p/q	履约 d_1	违约 d_2
θ_1：$\beta_1 > 1$ 高初始配额	$\beta_1 U$，$C + (T_B - T_{G1}) P_1$	$\beta_1 U$，$C + (T_B - T_{G1}) P_1$
θ_2：$\beta_2 \leq 1$ 低初始配额	$-\beta_2 U$，$C + (T_B - T_{G2}) P_2$	$-\beta_2 U$，$C + (T_B - T_{G2}) P_2$

在情景三下，企业采取履约决策 d_1 的成本期望 $E(d_1)$ 同式（11 – 41），采取违约策略 d_2 的成本期望 $E(d_2)$ 如式（11 – 43）所示：

$$E(d_2) = C + (T_B - T_{G2}) P_2 \tag{11 – 43}$$

企业履约复制动态方程如式（11 – 44）所示：

$$F(q) = \frac{dq}{dt} = q(E(d_1) - E(d)) = q(1 - q)(E(d_1) - E(d_2))$$

$$= q(1 - q)\left[(T_B - T_{G1}) P_1 - (T_B - T_{G2}) P_2\right] \tag{11 – 44}$$

分析企业履约复制动态方程，当 $q^* = 0$ 或 $q^* = 1$ 时，$\frac{dq}{dt} = 0$，此时任何决策都是稳定状态。

同理，监管机构高配额复制动态方程和均衡点与情景一相同，如式（11－36）所示。微分方程平衡点的稳定性可根据对该系统的雅克比矩阵局部稳定性分析取得。式（11－43）和式（11－44）的雅克比矩阵为：

$$J = \begin{pmatrix} (1-2p)(\beta_1 + \beta_2)U & 0 \\ 0 & (1-2q)\left[(T_B - T_{G1})P_1 - (T_B - T_{G2})P_2\right] \end{pmatrix}$$

雅克比矩阵的值和迹分别为：

$$\det J = (1-2q)\left[(T_B - T_{G1})P_1 - (T_B - T_{G2})P_2\right](1-2p)(\beta_1 + \beta_2)U$$

$$tr J = (1-2q)\left[(T_B - T_{G1})P_1 - (T_B - T_{G2})P_2\right] + (1-2p)(\beta_1 + \beta_2)U$$

该雅克比矩阵在各均衡点处的行列式值和迹见表 11－8，稳定性讨论见表 11－9。

表 11－8　情景三下均衡点处雅克比值与迹数值

	detJ	trJ
(0, 0)	$\left[(T_B - T_{G1})P_1 - (T_B - T_{G2})P_2\right](\beta_1 + \beta_2)U$	$\left[(T_B - T_{G1})P_1 - (T_B - T_{G2})P_2\right] + (\beta_1 + \beta_2)U$
(0, 1)	$-\left[(T_B - T_{G1})P_1 - (T_B - T_{G2})P_2\right](\beta_1 + \beta_2)U$	$\left[(T_B - T_{G1})P_1 - (T_B - T_{G2})P_2\right] - (\beta_1 + \beta_2)U$
(1, 0)	$-\left[(T_B - T_{G1})P_1 - (T_B - T_{G2})P_2\right](\beta_1 + \beta_2)U$	$-\left[(T_B - T_{G1})P_1 - (T_B - T_{G2})P_2\right] + (\beta_1 + \beta_2)U$
(1, 1)	$\left[(T_B - T_{G1})P_1 - (T_B - T_{G2})P_2\right](\beta_1 + \beta_2)U$	$-\left[(T_B - T_{G1})P_1 - (T_B - T_{G2})P_2\right] - (\beta_1 + \beta_2)U$

易见 $p^* = \dfrac{(T_B - T_{G2})P_1 - (T_B - T_{G1})P_1}{(1 - (\beta_1 + \beta_2)U)(T_B - T_{G1})P_1}$ 为情景三下，纳入企业演化稳定性策略点。

表 11－9　情景三均衡点稳定性

平衡点	detJ 符号	trJ 符号	稳定状态
(0, 0)	－		非 ESS
(0, 1)	＋	－	ESS
(1, 0)	＋	＋	非 ESS
(1, 1)			非 ESS

易见存在唯一（低配额，履约）的 ESS 组合策略。据此绘制监管机构和纳入企业稳定性演化相图，如图 11-6 所示。

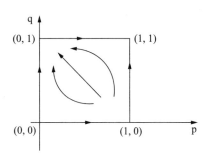

图 11-6　情景三下的博弈演化相图

四、模型各因子与碳交易市场违约风险的关系

1. 决策因子与碳交易市场违约风险的关系分析

通过以上分析可知，对于确定企业群体，决策因子 β_i 将影响最终市场演化的均衡状态。若假设企业年初上报的碳排量计划能够确实完成，那么根据企业上报的年度碳排量即可预先确定决策因子 β_i 的取值范围，以调节企业产量，降低碳交易企业违约风险，具体如下：

设第 i 个企业上报计划碳排量为 T_{pi}（$T_{pi} = T_{Bi} \mid i = 1, 2, 3, \cdots$），以题设参数加小标 i 表示第 i 个企业碳交易相关参数，则当 $T_{pi}/H_i < 1$ 时，可认为企业实际排量低于历史水平，若满足 $T_{G1} > T_{G2} > T_p = T_B$，则符合情景三。因而，设定 $\beta_{2i} > T_{pi}/H_i$ 时，即可降低使第 i 个企业在碳交易中的违约风险。对于这类企业群体若设定统一决策因子 β_2 只需满足 $\beta_2 = \max\{\beta_{2i} \mid i = 1, 2, 3, \cdots\}$ 即可。若该企业为国家或区域鼓励发展的企业，则可设定 $\beta_{2i} < T_{pi}/H_i$，对于这类企业群体的决策因子 β_2 则需满足 $\beta_2 = \min\{\beta_{2i} \mid i = 1, 2, 3, \cdots\}$ 即可。

当 $T_{pi}/H_i > 1$ 时，若 $\beta_{1i} < T_{pi}/H_i$，则 $T_B = T_p > T_{G1} > T_{G2}$，满足情景一，市场区域（高配额，违约）决策均衡状态，市场风险提升。因而，需要设定 $\beta_{1i} > T_{pi}/$

H_i，转化为情景二模式，并设定惩罚因子 $\eta_i > 2 + [(T_{G1i} - T_{Pi})P_{1i}]/[(T_{Pi} - T_{G2i})P_{2i}]$，以实现（高排放，履约）的市场稳定状态。同理，对于这类企业躯体可设定统一决策因子 $\beta_1 = \max\{\beta_{1i} | i = 1, 2, 3, \cdots\}$，惩罚因子 $\eta = \max\{\eta_i | i = 1, 2, 3, \cdots\}$。

2. 惩罚因子与碳市场企业违约风险关系分析

由上文分析可知在情景二下，惩罚因子 η 的大小决定了市场最终的违约及履约情况。与"高惩罚，低风险"的传统思路相左，惩罚因子的存在某一临界值，$2 + [(T_{G1} - T_B)P_1]/[(T_B - T_{G2})P_2]$ 可以促使市场区域全体履约的稳定状态。本节将针对惩罚因子对于企业实际碳排量的变动情况进行详尽分析。

令 $\eta(T_B) = 2 + [(T_{G1} - T_B)P_1]/[(T_B - T_{G2})P_2]$，则经变化可得：

$$\eta(T_B) = \frac{P_1(T_{G1} - T_{G2})}{P_2} \cdot \frac{1}{T_B - T_{G2}} + \frac{2P_2 - P_1}{P_2}, \quad 其中 T_{G1} > T_B > T_{G2}$$

可见惩罚因子是关于企业实际碳排量 T_B 的反函数，函数图像如图 11-7 所示：

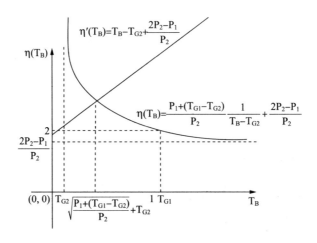

图 11-7　惩罚因子及企业实际碳排量变化趋势

当 $T_B \to T_{G2}$ 时，$\eta(T_B) \to \infty$；当 $T_B \to T_{G1}$ 时，$\eta(T_B) \to 2$。惩罚因子存在最小

值，但无最大值。因而，为减少碳市场企业违约风险，在设定的惩罚因子因满足 $\eta > 2$，即 2 倍的碳排量缺口的市值作为罚金，是初始碳交易市场中企业群体趋于履约的最小数值。

曲线 $\eta(T_B)$ 关于直线 $\eta'(T_B) = T_B - T_{G2} + (2P_2 - P_1)/P_2$ 对称，焦点的 T_B 轴数值为 $(\sqrt{P_1(T_{G1} - T_{G2})/P_2} + T_{G2},\ \sqrt{P_1(T_{G1} - T_{G2})/P_2} + (2P_2 - P_1)/P_2)$，根据反比例函数性质，$T_{G2} < T_B < \sqrt{P_1(T_{G1} - T_{G2})/P_2} + T_{G2}$ 时，随着 T_B 的增加 $\eta(T_B)$ 急剧降低，即在此区间内，监管机构需要给予低排量企业高罚金，以降低碳市场企业违约风险；当 $\sqrt{P_1(T_{G1} - T_{G2})/P_2} + T_{G2} < T_B < T_{G1}$ 时，$\eta(T_B)$ 随着 T_B 的增加，减速降低，即企业碳排量的增加所引起的企业罚金变动幅度较小；在 $T_{G1} > T_B > T_{G2}$ 区间内，企业可自由增加产量，企业产生的碳排量越接近 T_{G1}，其受到罚金比例越小，但下限为缺口碳排量市值的 2 倍。

五、监管机构对违约风险的调控策略

通过政策企业家性质监管机构和纳入企业的演化博弈分析，本章认为具有企业家性质的碳市场监管机构，与传统监管机构相比，具有一定的特异性，主要表现在无法通过监管行为获得处罚违约企业的收益，也无法选择是否监管纳入企业，但是可以通过各种资源和渠道影响政府对企业初始配额的分配行为，以及对违约企业的处罚力度。通过这些手段，政策企业家监管机构在获得隐性收益的同时，也在一定程度上控制了碳市场企业违约风险，主要调控策略如下：

（1）通过命题 5 和命题 6 的假设和证明，当企业实际碳排量高于高配额决策时的初始配额量时，企业不可能通过卖出自身配额以减少企业违约损失，只能通过购买新的配额补充排碳缺口，或接受违约惩罚。这表明对于极高碳排放量的企业，给予多初始配额以避免其违约风险暴露的行为存在巨大的安全隐患。如石化、钢铁等高排放行业，高排放的生产也造就了其高收益的发展水平，成为区域政府财政收入的重要来源，受到政府高度重视，往往也能够得到较多的初始配额。这类企业一旦消费完初始配额，而又不愿或购买不到足够的新配额，那么其必然只能选择违约，如此，给予其大量配额将失去碳排量总量控制的目的，碳市场可供购买和流通的配额量也会相对减少，易出现碳市场企业因购买不到足够配额，而多数选择违约的严重问题。

（2）通过对企业不同生产计划导致的不同排碳情景下政策企业家监管机构和纳入企业的演化博弈分析，结果显示，初始配额低，企业选择违约的行为不具有稳定性。即初始配额低与企业违约之间不具有必然性，政策企业家监管机构的出现，使得初始配额引发企业违约风险在一定程度上有所降低。

（3）设定违约惩罚因子 $\eta > 2$，能够有效减少碳市场企业违约风险的暴露。这一结论与现行各省市《碳排放权交易管理暂行办法》中提出的 $3 \sim 5$ 倍惩罚因子的规定不谋而合，对现行政策法规起到了一定的解释和佐证作用，也反映了本章模型和结论的可信性。

参考文献

［1］阿瑟·刘易斯. 国际经济秩序的演变［M］. 北京：商务印书馆，1984.

［2］包群，彭水军. 经济增长与环境污染：基于面板数据的联立方程估计［J］. 世界经济，2006（11）：48 - 58.

［3］鲍健强，苗阳，陈锋. 低碳经济：人类经济发展方式的新变革［J］. 中国工业经济，2008（4）：153 - 160.

［4］毕军. 后危机时代我国低碳城市的建设路径［J］. 南京社会科学，2009（11）：12 - 16.

［5］蔡洁，宋英杰. 从合作博弈角度看中国—东盟区域经济合作［J］. 当代财经，2007（2）：96 - 101.

［6］蔡凌曦，范莉莉，鲜阳红. 基于内容分析法的城市节能减排政策的分类研究［J］. 生态经济，2013（12）：49 - 53.

［7］陈波. 中国碳排放权交易市场的构建及宏观调控研究［J］. 中国人口·资源与环境，2013，23（11）：7 - 13.

［8］陈飞，诸大建. 低碳城市研究的内涵、模型与目标策略确定［J］. 城市规划学刊，2009（4）：7 - 13.

［9］陈建军. 中国现阶段产业区域转移的实证研究［J］. 管理世界，2002（6）：64 - 74.

［10］陈文颖，滕飞．国际合作碳减排机制模型［J］．清华大学学报（自然科学版），2005，45（6）：854－857．

［11］陈文颖，吴宗鑫．气候变化的历史责任与碳排放限额分配［J］．中国环境科学，1998（6）：481－485．

［12］陈晓春，陈思果．中国低碳竞争力评析与提升途径［J］．湘潭大学学报（哲学社会科学版），2010（5）：50－54．

［13］陈永国，聂锐．京津冀协同发展复合式区域性碳市场体系研究［J］．经济与管理，2014，28（2）：13－17．

［14］成艾华，魏后凯．促进区域产业有序转移与协调发展的碳减排目标设计［J］．中国人口·资源与环境，2013，23（1）：55－59．

［15］崔金星．构建我国碳减排评价机制的法律思考［J］．环境保护，2012（20）：51－53．

［16］崔连标，范英，朱磊，毕清华，张毅．碳排放交易对实现我国"十二五"减排目标的成本节约效应研究［J］．中国管理科学，2013，21（1）：37－46．

［17］崔连标，朱磊，范英．基于碳减排贡献原则的绿色气候基金分配研究［J］．中国人口·资源与环境，2014，24（1）：28－34．

［18］戴宏伟．加快"大北京"经济圈生产要素流动，促进产业梯度转移［J］．经济与管理，2003（6）：5－6．

［19］戴宏伟．区域产业转移研究——以"大北京"经济圈为例［M］．北京：中国物价出版社，2003．

［20］戴亦欣．中国低碳城市发展的必要性和治理模式分析［J］．中国人口·资源与环境，2009，19（3）：12－17．

［21］丁丁，冯静茹．论我国碳交易配额分配方式的选择［J］．国际商务，2013（4）：83－92．

［22］丁浩，张朋程，霍国辉．自愿减排对构建国内碳排放交易市场的作用和对策［J］．科技进步与对策，2010，27（22）：149－151．

［23］丁仲礼，段晓男，葛全胜，等．2050年大气浓度控制：各国排放权计

算［J］. 中国科学，2009，39（8）：1009－1027.

［24］董国辉. 劳尔·普雷维什经济思想研究［M］. 天津：南开大学出版社，2003.

［25］杜彬. CDM下的国际碳排放权交易市场研究［D］. 浙江大学硕士学位论文，2013：35－56.

［26］段茂盛，庞韬. 碳排放权交易体系的基本要素［J］. 中国人口·资源与环境，2013，23（3）：110－117.

［27］樊纲，苏铭，曹静. 最终消费与碳减排责任的经济学分析［J］. 经济研究，2010（1）：4－64.

［28］方劲松. 跨越式发展视角下的安徽承接长三角产业转移研究［D］. 安徽大学博士学位论文，2010：26－59.

［29］冯碧梅. 湖北省低碳经济评价指标体系构建研究［J］. 中国人口·资源与环境，2011，21（3）：54－58.

［30］冯明，张怡阁. 内容分析法在企业管理研究中的应用评述［J］. 科学决策，2012（2）：83－94.

［31］冯占民. 武汉低碳城市圈建设研究［J］. 湖北省社会主义学院学报，2011（5）：65－68.

［32］付加锋，郑林昌，程晓凌. 低碳经济发展水平的国内差异与国际差距评价［J］. 资源科学，2011，33（4）：664－674.

［33］付允，马永欢，刘怡君，牛文元. 低碳经济的发展模式研究［J］. 中国人口·资源与环境，2008，18（3）：14－19.

［34］傅强，李涛. 我国建立碳排放权交易市场的国际借鉴及路径选择［J］. 中国科技论坛，2010（9）：106－111.

［35］高登榜. 产业转移中的主导产业选择与承接模式研究［D］. 合肥工业大学博士学位论文，2013.

［36］高广生. 气候变化与碳排放权分配［J］. 气候变化研究进展，2006，2（6）：301－305.

［37］高喜超，范莉莉．企业低碳竞争力探析［J］．贵州社会科学，2013（2）：136－141．

［38］顾建光．公共政策工具研究的意义、基础与层面［J］．公共管理学报，2006（4）：58－61，110．

［39］国务院发展研究中心课题组．国内温室气体减排：基本框架设计［J］．管理世界，2011（10）：1－9．

［40］韩亚芬，孙根年．我国"十一五"各省区节能潜力测算［J］．统计研究，2008，25（1）：43－46．

［41］何丹丹，中美贸易隐含碳排放量估算及影响因素研究［D］．华东师范大学硕士学位论文，2012．

［42］何建坤．发展低碳经济，应对气候变化［N］．光明日报，2010－02－16．

［43］何云，李新春．企业跨地域扩张战略的初步研究——以广东工业类上市公司为例［J］．管理世界，2000（6）：106－114．

［44］胡初枝，黄贤金，钟太洋，谭丹．中国碳排放特征及其动态演进分析［J］．中国人口·资源与环境，2008，18（3）：38－42．

［45］黄伟，沈跃栋．长三角发展低碳经济的思考［J］．上海电力，2010（1）：13－16．

［46］江峰，刘伟民．中国碳交易市场建设的分析［J］．环境保护，2009（14）：78－79．

［47］景普秋，张复明．我国矿产开发中资源生态环境补偿的制度体系研究［J］．城市发展研究，2010，17（8）：75－80．

［48］郎春雷．全球气候变化背景下中国产业的低碳发展研究［J］．社会科学，2009（6）：39－47．

［49］李国志，李宗植．中国二氧化碳排放的区域差异和影响因素研究［J］．中国人口·资源与环境，2010，20（5）：22－27．

［50］李海涛，许学工，刘文政．国际碳减排活动中的利益博弈和中国策略的思考［J］．中国人口·资源与环境，2006，16（5）：93－97．

［51］李慧凤．中国低碳经济发展模式研究［J］．金融与经济，2010（5）：40-42.

［52］李军，周利梅．海峡西岸经济区碳减排潜力预测与对策研究——以福建省为例［J］．福建农林大学学报（哲学社会科学版），2011（3）：5-10.

［53］李凯风．我国碳金融体系构建的难点及解决对策分析［J］．科技进步与对策，2010，22（27）：140-145.

［54］李丽．京津冀低碳物流能力评价指标体系构建——基于模糊物元法的研究［J］．现代财经（天津财经大学学报），2013（2）：72-81.

［55］李良成，高畅．基于内容分析法的知识产权服务政策研究［J］．技术经济与管理研究，2014（3）：24-29.

［56］李平星，曹有挥．产业转移背景下区域工业碳排放时空格局演变——以泛长三角为例［J］．地球科学进展，2013，28（8）：939-947.

［57］李勤．中国贸易自由化的环境效应——基于1993～2005年省际动态面板数据的研究［D］．合肥工业大学硕士学位论文，2010.

［58］李陶，陈林菊，范英．基于非线性规划的我国省区碳强度减排配额研究［J］．管理评论，2010，22（6）：54-60.

［59］李真．国际产业转移下的碳泄漏模型与碳收益——基于马克思国际价值理论的演化分析［J］．财经研究，2013，39（6）：39-50.

［60］刘红光，刘卫东，唐志鹏等．中国区域产业结构调整的CO_2减排效果分析——基于区域间投入产出表的分析［J］．地域研究与开发，2010，29（3）：129-135.

［61］刘慧，张永亮，毕军．中国区域低碳发展的情景分析——以江苏省为例［J］．中国人口·资源与环境，2011，21（4）：10-18.

［62］刘满平．“泛珠江”区域产业梯度分析及产业转移机制构建［J］．经济理论与经济管理，2004（11）：45-49.

［63］刘英基．中国区际产业转移的动因与协同效应研究［D］．南开大学博士学位论文，2012：12-35.

［64］刘颖，郭江涛，王鹏．低碳经济与碳币论研究［J］．国际经济合作，2010（1）：49-53．

［65］刘志林，戴亦欣，董长贵，齐晔．低碳城市理念与国际经验［J］．城市发展研究，2009，16（6）：1-7．

［66］陆小成，骆慧菊．两型社会建设中的长株潭低碳城市群发展对策研究［J］．城市观察，2010（5）：156-163．

［67］马静，柴彦威，刘志林．基于居民出行行为的北京市交通碳排放影响机理［J］．地理学报，2011，6（8）：1023-1032．

［68］马涛，李东，杨建华，等．地区分工差距的度量——产业转移承接能力评价的视角［J］．管理世界，2009（9）：168-169．

［69］孟卫军．基于减排研发的补贴和合作政策比较［J］．系统工程，2010（11）：123-126．

［70］穆岩．基于区域经济发展的京津唐产业结构调整研究［D］．北京交通大学博士学位论文，2008．

［71］潘家华，陈迎．碳预算方案：一个公平、可持续的国际气候制度框架［J］．中国社会科学，2009（5）：83-98．

［72］彭斯震，张九天．中国2020年碳减排目标下若干关键指标研究［J］．中国人口·资源与环境，2012，22（5）：28-31．

［73］朴英爱．低碳经济与碳排放权交易制度［J］．吉林大学社会科学学报，2010，50（3）：153-158．

［74］乔家君．改进的熵值法在河南省可持续发展能力评估中的应用［J］．资源科学，2004，26（1）：113-119．

［75］邱均平，邹菲．关于内容分析法的研究［J］．中国图书馆学报，2004，30（2）：12-17．

［76］邱俊永，钟定胜，俞俏翠，等．基于基尼系数法的全球 CO_2 排放公平性分析［J］．中国软科学，2011（4）：14-21．

［77］瞿理铜．长株潭低碳城市群发展模式研究［J］．湖南行政学院学报，

2011 (3): 58-61.

[78] 饶从军, 赵勇. 基于统一价格拍卖的初始排污权分配方法 [J]. 数学的实践与认识, 2011, 41 (3): 48-55.

[79] 饶蕾, 曾骋. 欧盟碳排放权交易制度对企业的经济影响分析 [J]. 环境保护, 2008 (6): 77-79.

[80] 史亚东, 钟茂初. 简析中国参与国际碳排放权交易的经济最优性与公平性 [J]. 天津社会科学, 2010 (4): 84-87.

[81] 宋德勇, 刘习平. 中国省级碳排放空间分配研究 [J]. 中国人口·资源与环境, 2013, 23 (5): 7-12.

[82] 宋德勇, 刘习平. 中国省际碳排放空间分配研究 [J]. 中国人口·资源与环境, 2013, 23 (5): 7-14.

[83] 宋德勇, 卢忠宝. 中国碳排放影响因素分解及其周期性波动研究 [J]. 中国人口·资源与环境, 2009, 19 (3): 18-24.

[84] 苏敬勤, 李晓昂, 许昕傲. 基于内容分析法的国家和地方科技创新政策构成对比分析 [J]. 科学学与科学技术管理, 2012 (6): 15-21.

[85] 谭志雄, 陈德敏. 区域碳交易模式及实现路径研究 [J]. 中国软科学, 2012 (4): 76-84.

[86] 唐邵玲, 阳晓华. 我国排放交易拍卖机制设计与实验研究 [J]. 华南师范大学学报 (社会科学版), 2010 (5): 129-134.

[87] 唐运舒, 冯南平, 高登榜, 杨善林. 产业转移对产业集聚的影响——基于泛长三角制造业的空间面板模型分析 [J]. 系统工程理论与实践, 2014, 34 (10): 2573-2581.

[88] 汪臻, 赵定涛. 开放经济下区域间碳减排责任分摊研究 [J]. 科学学与科学技术管理, 2012 (7): 84-88.

[89] 王富平, 邹涛, 栗德祥. 低碳城镇发展的综合路径规划 [J]. 世界建筑, 2010 (6): 118-121.

[90] 王建峰, 卢燕. 京津冀区域产业转移综合效应实证研究 [J]. 河北经

贸大学学报，2013，34（1）：81 - 84.

[91] 王建峰. 区域产业转移的综合协同效应研究——基于京津冀产业转移的实证分析 [D]. 北京交通大学博士学位论文，2012：41 - 64.

[92] 王金南，田仁生. "十二五"时期污染物排放总量控制路线图分析 [J]. 中国人口·资源与环境，2010，20（8）：99 - 103.

[93] 王乐平. 赤松要及其经济理论 [J]. 日本问题，1990（3）：117 - 126.

[94] 王留之，宋阳. 略论我国碳交易的金融创新及其风险防范 [J]. 现代财经（天津财经大学学报），2009（6）：30 - 34.

[95] 王群伟，周鹏，周德群. 我国二氧化碳排放绩效的动态变化、区域差异及影响因素 [J]. 中国工业经济，2010（1）：45 - 54.

[96] 王伟中，陈滨，鲁传一，等.《京都议定书》和碳排放权分配问题 [J]. 清华大学学报（哲学社会科学版），2002（6）：81 - 85.

[97] 王小兵，雷仲敏. 中国区域减排能力测度与政策推进 [J]. 中国人口·资源与环境，2011，21（6）：83 - 88.

[98] 王鑫，滕飞. 中国碳市场免费配额发放政策的行业影响 [J]. 中国人口·资源与环境，2015（2）：129 - 134.

[99] 王翊，黄余. 公平与不确定性：全球碳排放分配的关键问题 [J]. 中国人口·资源与环境，2011，21（12）：271 - 276.

[100] 王铮，刘晓，朱永彬，黄蕊. 京津冀地区的碳排放趋势估计 [J]. 地理与地理信息科学，2012，28（1）：85 - 88.

[101] 王中英，王礼茂. 中国经济增长对碳排放的影响分析 [J]. 安全与环境学报，2006，6（5）：88 - 91.

[102] 隗斌贤，揭筱纹. 基于国际碳交易经验的长三角区域碳交易市场构建思路与对策 [J]. 管理世界，2012（2）：175 - 176.

[103] 魏后凯. 产业转移的发展趋势及其对竞争力的影响 [J]. 福建论坛（社会经济版），2003（4）：11 - 15.

[104] 魏庆琦，赵崇正，肖伟. 我国交通运输结构优化的碳减排能力研究

［J］．交通运输系统工程与信息，2013，13（3）：10 – 17.

［105］魏一鸣，王恺，凤振华，从荣刚．碳金融与碳市场——方法与实证［M］．北京：科学出版社，2010：8 – 9.

［106］吴国华，刘清清，吴琳．碳减排潜力差异分析及目标设定［J］．中国人口·资源与环境，2011，21（12）：308 – 312.

［107］吴静，王铮，朱潜挺．国际气候保护方案分析［J］．安全与环境学报，2010（6）：92 – 97.

［108］吴颖，冯宗宪，谈毅．SO_2 排放许可权交易制度的效率研究［J］．环境保护，1999（2）：3 – 5.

［109］武春友，赵奥，卢小丽．中国不可再生能源消耗压力驱动与强度分解［J］．中国人口·资源与环境，2011，21（11）：61 – 66.

［110］夏堃堡．发展低碳经济，实现城市可持续发展［J］．环境保护，2008（3）：33 – 35.

［111］向其凤．中国碳排放总量产业间分配研究［D］．首都经济贸易大学博士学位论文，2013：36 – 54.

［112］肖作鹏，柴彦威，刘志林．北京市居民家庭日常出行碳排放的量化分布与影响因素［J］．城市发展研究，2011，18（9）：104 – 112.

［113］谢鑫鹏，赵道致．低碳供应链企业减排合作策略研究［J］．管理科学，2013，26（3）：108 – 119.

［114］熊必琳，陈蕊，杨善林．基于改进梯度系数的区域产业转移特征分析［J］．经济理论与经济管理，2007（7）：45 – 49.

［115］胥留德．后发地区承接产业转移对环境影响的几种类型及其防范［J］．经济问题探索，2010（6）：36 – 39.

［116］徐国泉，刘则渊，姜照华．中国碳排放的因素分解模型及实证分析：1995 ~ 2004［J］．中国人口·资源与环境，2006，16（6）：158 – 161.

［117］徐建中，袁小量．基于耗散结构理论的企业低碳竞争力网络运行机制研究［J］．科技进步与对策，2011（24）：92 – 95.

[118] 徐玉高, 郭元, 吴宗鑫. 碳权分配: 全球排放权交易及参与激励 [J]. 数量经济技术经济研究, 1997 (3): 72 - 77.

[119] 许士春. 市场型环境政策工具对碳减排的影响机理及其优化研究 [D]. 中国矿业大学博士学位论文, 2012.

[120] 宣晓伟, 张浩. 碳排放权配额分配的国际经验及启示 [J]. 中国人口·资源与环境, 2013, 23 (12): 10 - 15.

[121] 杨姝影, 蔡博峰, 曹淑艳. 二氧化碳总量控制区域分配方法 [M]. 北京: 化学工业出版社, 2012.

[122] 杨枝煌. 关于建立中国特色碳配额许可交易体系的思考——应对气候变化的战略统筹 [J]. 对外经贸, 2012 (1): 13 - 15.

[123] 姚亮, 刘晶茹. 中国八大区域间碳排放转移研究 [J]. 中国人口·资源与环境, 2010, 20 (12): 16 - 19.

[124] 姚奕, 倪勤. 各地区碳减排能力综合评价研究——基于投影寻踪分类模型 [J]. 运筹与管理, 2012, 21 (5): 193 - 199.

[125] 叶义成, 柯丽华, 黄德育. 系统综合评价技术及其应用 [M]. 北京: 冶金工业出版社, 2006: 43 - 45.

[126] 殷君伯, 刘志迎. 泛长三角区域发展分工与合作 [M]. 合肥: 安徽人民出版社, 2008: 38 - 54.

[127] 于敏捷. 长三角制造业低碳减排发展的博弈机制分析 [J]. 中国经贸导刊, 2011 (6): 49 - 52.

[128] 于明言, 王禹童. 基于区位优势的京津冀经济合作研究 [J]. 科技管理研究, 2012 (14): 99 - 102.

[129] 于同申, 张欣潮, 马玉荣. 中国构建碳交易市场的必要性及发展战略 [J]. 社会科学辑刊, 2010 (2): 90 - 94.

[130] 余光英, 祁春节. 国际碳减排利益格局: 合作及其博弈机制分析 [J]. 中国人口·资源与环境, 2010, 20 (5): 17 - 21.

[131] 余晓钟, 王湘, 郑世文. 跨区域低碳经济协同发展影响因素系统分析

［J］．西南石油大学学报（社会科学版），2012，14（2）：1－6.

［132］俞毅．GDP 增长与能源消耗的非线性门限——对中国传统产业省际转移的实证分析［J］．中国工业经济，2010（12）：57－65.

［133］岳文婧，郑红霞，陈劭锋．碳减排评价指标的建立及应用研究［J］．中国人口·资源与环境，2012，22（11）：21－25.

［134］臧学英，于明言．京津冀战略性新兴产业的对接与合作［J］．中国发展观察，2010（8）：30－32.

［135］翟婷婷．中澳贸易隐含碳排放的测算及因素分解［D］．广州：暨南大学硕士学位论文，2013.

［136］张超武，邓晓峰．低碳经济时代企业的社会责任［J］．重庆科技学院学报（社会科学版），2011（3）：86－87，90.

［137］张丹，王腊芳，叶晗．中国区域节能减排绩效及影响因素对比研究［J］．中国人口·资源与环境，2012，20（5）：69－73.

［138］张贵，王树强，刘沙，贾尚键．基于产业对接与转移的京津冀协同发展研究［J］．经济与管理，2014，28（4）：14－20.

［139］张焕波，齐晔．中国低碳经济发展战略思考：以京津冀经济圈为例［J］．中国人口·资源与环境，2010，20（5）：6－11.

［140］张慧，王宇红．国内企业对人才素质要求的内容分析［J］．科技管理研究，2007，27（6）：136－138.

［141］张可云．区域大战与区域经济发展［M］．北京：民主与建设出版社，2001.

［142］张雷，黄园淅，李艳梅，程晓凌．中国碳排放区域格局变化与减排途径分析［J］．资源科学，2010，32（2）：211－217.

［143］张磊，王晨．基于内容分析法的中美城市规划公共政策议题比较研究［J］．城市发展研究，2011（11）：33－38.

［144］张宁，陆小成，杜静．基于节能减排的区域低碳创新系统协同激励模型研究［J］．科技进步与对策，2010（13）：29－32.

[145] 张其仔. 中国能否成功地实现雁阵式产业升级 [J]. 中国工业经济, 2014 (6): 18 - 30.

[146] 张为付, 杜运苏. 中国对外贸易中隐含碳排放失衡度研究 [J]. 中国工业经济, 2011 (4): 138 - 147.

[147] 张炜铃, 许申来, 焦文涛, 陈卫平. 北京市低碳发展水平及潜力研究 [J]. 中国人口·资源与环境, 2012, 22 (11): 57 - 61.

[148] 张文佳, 柴彦威. 基于家庭的城市居民出行需求理论与验证模型 [J]. 地理学报, 2008, 63 (12): 1246 - 1256.

[149] 张晓涛, 李雪. 国际碳交易市场的特征及我国碳交易市场建设[J]. 中国经贸导刊, 2010 (3): 24 - 25.

[150] 张晓旭, 李丽红. 论 WTO 框架下国际碳减排合作机制 [J]. 求索, 2013 (1): 41 - 43.

[151] 张英. 低碳城市内涵及建设路径研究 [J]. 工业技术经济, 2012 (1): 19 - 22.

[152] 张韵君. 政策工具视角的中小企业技术创新政策分析 [J]. 中国行政管理, 2012 (4): 43 - 47.

[153] 赵文会. 初始排污权分配理论研究综述 [J]. 工业技术经济, 2008, 27 (8): 111 - 113.

[154] 赵筱媛, 苏竣. 基于政策工具的公共科技政策分析框架研究 [J]. 科学学研究, 2007 (1): 52 - 56.

[155] 周建成, 曾敏. 发展低碳经济 提升低碳竞争力 [J]. 中国有色金属, 2010 (19): 58 - 59.

[156] 周茂荣, 祝佳. 贸易自由化对我国环境的影响——基于 ACT 模型的实证研究 [J]. 中国人口·资源与环境, 2008 (4): 211 - 215.

[157] 周新. 国际贸易中的隐含碳排放核算及贸易调整后的国家温室气体排放 [J]. 管理评论, 2010, 22 (6): 17 - 24.

[158] 朱美光. 区域知识能力与区域知识吸收能力比较研究——基于空间知

识溢出视角的分析［J］. 科学学研究，2007，25（6）：1183 - 1187.

［159］朱启荣. 中国出口贸易中的 CO_2 排放问题研究［J］. 中国工业经济，2010（11）：55 - 64.

［160］朱四海. 碳减排与减排经济学［J］. 发展研究，2010（1）：87 - 91.

［161］朱臻，沈月琴，黄敏. 居民低碳消费行为及碳排放驱动因素的实证分析——基于杭州地区的调查［J］. 资源开发与市场，2011，27（20）：831 - 834.

［162］庄贵阳. 中国经济低碳发展的途径与潜力分析［J］. 国际技术经济研究，2005（3）：8 - 12.

［163］Alberola E. , Chevallier J. , Cheze B. . Emissions Compliances and Carbon Prices under the EU ETS: A Country Specific Analysis of Industrial Sectors［J］. Journal of Policy Modeling，2009，31（3）：446 - 462.

［164］Arora S. , Gangopadhyay S. . Toward a Theoretical Model of Voluntary Overcompliance［J］. Journal of Economic Behavior & Organization，1995，28（3）：289 - 309.

［165］Asami Miketa, Leo Schrattenholzer. Equity Implications of Two Burden - sharing Rules for Stabilizing Greenhouse - gas Concentrations［J］. Energy Policy，2006（34）：877 - 891.

［166］A. S. Dagoumas, T. S. Barker. Pathways to a Low - Carbon Economy for the UK with the Macro - Econometric E3MG Model［J］. Energy Policy，2010，38（6）：3067 - 3077.

［167］Baer P. , Athanasiou T. , Kartha S. . The Right to Development in a Climate Constrained World［R］. Berlin: Stockholm Environment Institute，2010：5 - 20.

［168］Bahn A. Haurie, R. Alhame. A Stochastic Control/Game Approach to the Optimal Timing of Climate Policies［J］. Uncertainty and Environmental Decision Making International Series in Operations Research & Management Science，2010（138）：211 - 237.

［169］Boemare C. , Quirion P. . Implementing Greenhouse Gas Tradingin

Europe: Lessons from Economic Literature and International Experiences [J] . Ecological Economics, 2002 (43): 213 - 230.

[170] Bohm P. , Larsen B.. Fairness in a Tradable Permit Treaty for Carbon Emission Reduction in Europe and the Former Soviet Union [J] . Environmental and Resource Economics, 1994 (4): 219 - 239.

[171] Cameron H.. Auctioning of EU ETS Phase II Allowances: How and Why? [J] . Climate Policy, 2006, 6 (1): 137 - 160.

[172] Chevallier J.. A Model of Carbon Price Interactions with Macroeconomic and Energy Dynamics [J] . Energy Economics, 2011, 33 (6): 1295 - 1312.

[173] Christoph Böhringer, Glenn W. Harrison, Thomas F. Rutherford. Sharing the Burden of Carbon Abatement in the European Union [J] . Empirical Modeling of the Economy and the Environment, 2003 (20) .

[174] Ciscar J. C. , Soria A.. Prospective Analysis of beyond Kyoto Climate Policy: A Sequential Game Fame Work [J] . Energy Policy, 2002, 30 (15): 1327 - 1335.

[175] Cohen M. A.. Monitoring and Enforcement of Environmental Policy [J] . Social Science Electronic Publishing, 1998 (3) .

[176] Cole M. A.. Development, Trade, and the Environment : How Robust is the Environmental Kunzets Cuvre [J] . Environment and Development Economics, 2003 (8): 557 - 580.

[177] Crame C. J.. Population Growth and Quality in California [J] . Demography, 1998, 35 (1): 45 - 56.

[178] Cramton P. , Kerr S.. Tradeable Carbon Permit Auctions How and Why to Auction Not Grandfather [J] . Energy Policy, 2002, 30 (4): 333 - 345.

[179] Dagoumas A. S. , Barker T. S.. Pathways to a Low - Carbon Economy for the UK with the Macro - Econometric E3MG Model [J] . Energy Policy, 2010, 38 (6): 3067 - 3077.

[180] Dales J. H.. Pollution, Property and Prices [M] . Toronto: University of

Toronto Press, 1968.

[181] Daskalakis G., Psychoyios D., Markellosa R. N.. Modeling CO_2 Emission Allowance Prices and Derivatives: Evidence from the European Trading Scheme [J]. Journal of Banking and Finance, 2009, 33 (7): 1230 – 1241.

[182] Deffner G.. Microcomputers as Aids in Gottschalk – Gleser Rating [J]. Psychiatry Research, 1986, 18 (2): 151 – 159.

[183] Deily M. E., Gray W. B.. Enforcement of Pollution Regulations in a Declining Industry [J]. Journal of Environmental Economics & Management, 1991, 21 (3): 260 – 274.

[184] Downing P. B., Kimball J. N.. Enforcing Pollution Control Laws in the United States [J]. Polvey Studies Journal, 1983: 249 – 263.

[185] Druckman A., Jackson T.. The Carbon Footprint of UK Households 1990 – 2004: A Socio – Economically Disaggregated, Quasi – Multi – Regional Input – Output Model [J]. Ecological Economics, 2009, 68 (7): 2066 – 2077.

[186] Duriau V. J., Reger R. K., Pfarrer M. D., Duriau V. J.. A Content Analysis of the Content Analysis Literature in Organization Studies: Research Themes, Data Sources, and Methodological Refinements [J]. Organizational Research Methods, 2007, 10 (1): 5 – 34.

[187] Economics V.. G20 Low Carbon Competitiveness [J]. Report Prepared for the Climate Institute and E3G. Available Online: http://www.e3g.org/docs/G20_Low_Carbon_Competitiveness_Report.pdf (accessed on 6 January 2014), 2009.

[188] Fan Y., Liu L., Wu G., et al.. Analyzing Impact Factors of CO_2 Emissions Using the Stirpat Model [J]. Environmental Impact Assessment Review, 2006, 26 (4): 377 – 395.

[189] Ferenc Forgò, János, Fülöp, Mária Prill. Game Theoretic Models for Climate Change Negotiations [J]. European Journal of Operational Research, 2005 (160): 252 – 267.

［190］Freebairn J.. Carbon Price Versus Subsidies to Reduce Greenhouse Gas Emissions ［J］. Economic Papers a Journal of Applied Economics & Policy, 2014, 33 (3): 233 – 242.

［191］Galeotti M., Lanza A.. Richer and Cleaner? A Study on Carbon Dioxide Emissions in Developing Countries ［J］. Energy Policy, 1999, 27 (10): 565 – 573.

［192］Gangadharan L.. Transaction Costs in Pollution Markets: An Empirical Study ［J］. Land Economics, 2000, 76 (4): 601 – 614.

［193］Garvie D., Keeler A.. Incomplete Enforcement with Endogenous Regulatory Choice ［J］. Journal of Public Economics, 1993, 55 (1): 141 – 162.

［194］Gilmolto M. J., Georgantzis N., Orts V.. Cooperative R&D with Endogenous Technology Differentiation ［J］. Journal of Economics & Management Strategy, 2005, 14 (2): 461 – 476.

［195］Grossman G. M., Krueger A. B.. Environmental Impacts of a North American Free Trade Agreement ［M］. Cambridge: MIT Press, 1993: 13 – 56.

［196］Grubb M., Sebenius J. K.. Participation, Allocation and Adaptability in International Tradable Emission Permit Systems for Greenhouse Gas Control ［R］. Control in OECD Climate Change: Designing a Tradable Permit System, Paris: OECD, 1992.

［197］Grubb M.. Technology Innovation and Climate Change Policy: An Overview of Issues and Options ［J］. Keio Economic Studies, 2004, 41 (2): 103.

［198］Hahn R. W.. Market Power and Transferable Property Rights ［J］. The Quarterly Journal of Economics, 1984, 99 (4): 753 – 765.

［199］Hahn R. W.. The Political Economy of Environmental Regulation: Towards a Unifying Framework ［J］. Public Choice, 1990, 65 (1): 21 – 47.

［200］Harford J. D., Harrington W.. A Reconsideration of Enforcement Leverage when Penalties are Restricted ［J］. Journal of Public Economics, 1991, 45 (3): 391 – 395.

［201］ Harford J. D.. Firm Ownership Patterns and Motives for Voluntary Pollution Control ［J］. Managerial & Decision Economics, 1997, 18 （6）: 421 – 431.

［202］ Harford J. D.. Self – Reporting of Pollution and the Firm's Behavior under Imperfectly Enforceable Regulations ［J］. Journal of Environmental Economics & Management, 1987, 14 （3）: 293 – 303.

［203］ Lee D. R.. Monitoring and Budget Maximization in the Control of Pollution: Comment ［J］. Economic Inquiry, 1985, 23 （2）: 357 – 360.

［204］ Harrington W.. Enforcement Leverage when Penalties are Restricted ［J］. Journal of Public Economics, 1988, 37 （1）: 29 – 53.

［205］ Heyes A.. Implementing Environmental Regulation: Enforcement and Compliance ［J］. Journal of Regulatory Economics, 2000, 17 （2）: 107 – 129.

［206］ Hintermann B.. Allowance Price Drivers in the First Phase of the EU ETS ［J］. Journal of Environmental Economics and Management, 2010, 59 （1）: 43 – 56.

［207］ Houghton R. A., Hackler J. L.. Sources and Sinks of Carbon from Land-use Change in China ［J］. Global Biogeochemical Cycles, 2003 （17）: 1034 – 1047.

［208］ Janssen M., Rotmans J.. Allocation of Fossil CO_2 Emissions Rights Quantifying Cultural Perspectives ［J］. Ecological Economiscs, 1995 （13）: 65 – 79.

［209］ Jieting Z., Maosheng D., Chunmei L.. Output – Based Allowance Allocations under China's Carbon Intensity Target ［J］. Energy Procedia, 2011 （5）: 1904 – 1909.

［210］ John H. Dunning. International Production and the Multinational Enterprise ［M］. Routledge, 1981.

［211］ Johnston D., Lowe R., Bell M.. An Exploration of the Technical Feasibility of Achieving CO_2 Emission Reduction in Excess of 60% within the UK Housing Stock by the Year 2050 ［J］. Energy Policy, 2005, 33 （13）: 1643 – 1659.

［212］ Kambhu J.. Concealment of Risk and Regulation of Bank Risk Taking ［J］. Journal of Regulatory Economics, 1990, 2 （4）: 397 – 414.

[213] Kambhu J. . Regulatory Standards, Noncompliance and Enforcement [J] . Journal of Regulatory Economics, 1989, 1 (2): 103 – 114.

[214] Ke Wang, Xian Zhang, Yim Ming Wei, Shiwei Yu. Regional Allocation of CO_2 Emissions Allowance over Provinces in China by 2020 [J] . Energy Policy, 2013 (54): 214 – 229.

[215] Keeler A. G. . Regulatory Objectives and Enforcement Behavior [J] . Environmental & Resource Economics, 1995, 6 (1): 73 – 85.

[216] Kim H. S. , Koo W. W. . Factors Affecting the Carbon Allowance Market in the US [J] . Energy Policy, 2010, 38 (4): 1879 – 1884.

[217] Koji S. , Yoshitaka T. , Ker G. , Yuzuru M. . Developing a Long – Term Local Society Design Methodology towards A Low – Carbon Economy: An Application to Shiga Prefecture in Japan [J] . Energy Policy, 2007, 35 (9): 4688 – 4703.

[218] Lantz V. , Feng Q. . Assessing Income, Population, and Technology Impacts on CO_2 Emissions in Canada: Where' s the Ekc? [J] . Ecological Economics, 2006, 57 (2): 229 – 238.

[219] Lee D. R. . The Economics of Enforcing Pollution Taxation [J] . Journal of Environmental Economics & Management, 1984, 11 (2): 147 – 160.

[220] Lee H. , Macgillivray A. , Begley P. , et al. . The Climate Competitiveness Index 2010 [J] . Accountability, Isbn, 2010: 971 – 978.

[221] Lee H. , Mccarl B. A. , Schneider U. A. , et al. . Leakage and Comparative Advantage Implications of Agricultural Participation in Greenhouse Gas Emission Mitigation [J] . Mitigation and Adaptation Strategies for Global Change, 2007, 12 (4): 471 – 494.

[222] Lelrzen M. . Primary Energy and Greenhouse Gases Embodied in Australian Final Consumption: An Input – output Analysis [J] . Energy Policy, 1998, 26 (6): 495 – 506.

[223] Li J. F. , Wang X. , Zhang Y. X. , Kou Q. . The Economic Impact of Car-

bon Pricing with Regulated Electricity Prices in China – An Application of a Computable General Equilibrium Approach [J] . Energy Policy, 2014, 75 (C): 46 – 56.

[224] Caniëls Marjolein C. J.. Knowledge Spillovers and Economic Growth: Regional Growth Differentials across Europe [M] . Edward Elgar, 2000, 42 (2): 437 – 439.

[225] Malakoff Thirty. Kyoto's Needed to Control Warming [J] . Science, 1997, 278 (5346): 2048.

[226] Mani Muthukumara, David Wheeler. In Search of Pollution Havens? Dirty Industry in the World Economy, 1960 – 1995 [J] . Journal of Environment a Development, 1998, 7 (3): 215 – 247.

[227] Morris R.. Statistical Characterization of Sicilian Olive Oils from the Peloritana and Maghrebian Zones according to the Fatty Acid Profile [J] . Journal of Infections Diseases, 2007, 55 (16): 6568 – 6574.

[228] Nick Hughes, Neil Strachan. Methodological Review of UK and International Low Carbon Scenarios [J] . Energy Policy, 2010, 38 (10): 6056 – 6065.

[229] Nicolars S.. Stem Review on the Economics of Climate Change [M] . London: Cambridge University Press, 2007.

[230] Nowell C. , Shogren J.. Challenging the Enforcement of Environmental Regulation [J] . Journal of Regulatory Economics, 1994, 6 (3): 265 – 282.

[231] Olav Benestad. Energy Needs and CO_2 Emissions Constructing a Formula for Just Distributions [J] . Energy Policy, 1994, 22 (9): 725 – 734.

[232] Pargaland S. , Wheeler D.. Informal Regulation of Industrial Pollution in Developing Countries: Evidence from Indonesia [J] . Journal of Political Economy, 1996, 104 (6): 1314 – 1327.

[233] Parikh J. , Panda M. , Ganesh – Kumar A. , et al.. CO_2 Emissions Structure of Indian Economy [J] . Energy, 2009, 34 (8): 1024 – 1031.

[234] Peltzman S.. Toward a More General Theory of Regulation [J] . Nber

Working Papers, 1976, 19 (19): 211 - 240.

[235] Peters G. P. , Hertwich E. G. . CO_2 Embodied in International Trade with Implications for Global Climate Policy [J] . Environmental Science & Technology, 2008, 42 (5): 1401 - 1407.

[236] Pezzey J. C. V. . Emission Taxes and Tradeable Permits: Acomparison of Views on Long - Run Efficiency [J] . Environ - Mental and Resource Economics, 2003, 26 (2): 329 - 342.

[237] Pickersgill J. W. . The W. Clifford Clark Memorial Lectures, 1972 (No. 1): Bureaucrats and Politicians [J] . Canadian Public Administration, 2008, 15 (3): 418 - 427.

[238] Quay P. D. , Tilbrook B. , Wong C. S. . Oceanic Uptake of Fossil Fuel CO_2: Carbon - 13 Evidence [J] . Science, 1992 (256): 74 - 79.

[239] Rahman M. S. . Politicians and Bureaucrats in Upazila Administration: A Study on Conflict - Relationships [J] . Dynamics of Public Administration, 2010.

[240] Ramanathan R. . An Analysis of Energy Consumption and Carbon Dioxide Emissions in Countries of the Middle East and North Africa [J] . Energy, 2005, 30 (15): 2831 - 2842.

[241] Richmond A. K. , Kaufmann R. K. . Is There a Turning Point in the Relationship between Income and Energy Use and/or Carbon Emissions? [J]. Ecological Economics, 2006, 56 (2): 176 - 189.

[242] Ringius L. , Torvanger A. , Underdal A. . Burden Sharing and Fairness Principles in International Climate Policy [J] . International Environmental Agreements, 2002, 2 (1): 1 - 22.

[243] Rothwell R. , Zegveld W. . Reindusdalization and Technology [M] . London: Logman Group Limited, 1985.

[244] Sagar Kandlikar. Knowledge, Rhetoric and Power: International Politics of Climate Change [J] . Economic and Political Weekly, 1997, 32 (49): 3139 - 3148.

［245］ Samuelson P. . The Pure Theory of Public Expenditure ［J］. Review of Economics and Statistics, 1954, 36 (4): 387 – 389.

［246］ Schmalensee R. , Stoker T. M. , Judson R. A. . World Carbon Dioxide Emissions: 1950 – 2050 ［J］. Review of Economics and Statistics, 1998, 80 (1): 15 – 27.

［247］ Schneider M. , Teske P. . Toward a Theory of the Political Entrepreneur: Evidence from Local Government ［J］. American Political Science Review, 1992, 86 (3): 737 – 747.

［248］ Selden T. M. , Terrones M. E. . Environmental Legislation and Enforcement: A Voting Model under Asymmetric Information ［J］. Journal of Environmental Economics & Management, 1993, 24 (3): 212 – 228.

［249］ Sharif H. . Panel Estimation for CO_2 Emissions, Energy Consumption, Economic Growth, Trade Openness and Urbanization of Newly Industrialized Countries ［J］. Energy Policy, 2011 (39): 6991 – 6999.

［250］ Sijm J. P. M. , Berk M. M. , Den Elzen M. G. J. , et al. . Options for Post – 2012 EU Burden Sharing and EU ETS Allocation ［R］. Netherlands Research Programme on Scientific Assessment and Policy Analysis for Climate Change (WAB), Report 500102, 2007.

［251］ Stavins R. N. . Transaction Costs and Tradeable Permits ［J］. Journal of Environmental Economics and Management, 1995, 29 (2): 133 – 148.

［252］ Stocking A. . Unintended Consequences of Price Controls: An Application to Allowance Markets ［J］. Journal of Environmental Economics and Management, 2012, 63 (1): 120 – 136.

［253］ Stranlund J. K. , Chávez C. A. , Villena M. G. . The Optimal Pricing of Pollution When Enforcement is Costly ［J］. Journal of Environmental Economics & Management, 2009, 58 (2): 183 – 191.

［254］ Tyrchniewicz A. , Hickson A. , McLachlin R. , et al. . Development of

Bioproduct Value Chains in the Canadian Economy: A Study of Value Creation, Value Capture and Business Models [R]. Working Paper, 2003.

[255] Valentina Bosetti, Carlo Carraro, Enrica De Cian, Emanuele Massetti, Massimo Tavonia. Incentives and Stability of International Climate Coalitions: An Integrated Assessment [J]. Energy Policy, 2013 (55): 44 – 56.

[256] Verspagen Bart. A New Empirical Spproach to Catching up or Falling behind [J]. Structural Change and Economic Dynamics, 1991 (2): 359 – 380.

[257] Vringer K., Blok K.. The Direct and Indirect Energy Requirements of Households in the Netherlans [J]. Energy Policy, 1995, 23 (10): 893 – 905.

[258] Walter I., Ugelow J.. Environmental Policies in Developing Countries [J]. Ambio, 1979, 8 (23): 102 – 109.

[259] Walter I.. The Pollution Content of American Trade [J]. Western Economic Journal, 1973 (11): 61 – 70.

[260] Weber C., Petrels A.. Modeling Lifestyle Effects on Energy Demand and Related Energy Emissions [J]. Policy, 2000 (28): 549 – 566.

[261] Wen Jing Yi, Le – Le Zou, Jie Guo, Kai Wang, Yi Ming Wei. How Can China Reach Its CO_2 Intensity Reduction Targets by 2020? A Regional Allocation Based on Equity and Development [J]. Energy Policy, 2011 (39): 2407 – 2415.

[262] Wen Ying Chen. Carbon Quota Price and CDM Potentials after Marrakesh [J]. Energy Policy, 2003 (31): 709 – 719.

[263] Woll P.. Public Entrepreneurship: Toward a Theory of Bureaucratic Political Power: The Organizational Lives of Hyman Rickover, J. Edgar Hoover, and Robert Moses [J]. American Political Science Association, 1981, 75 (1).

[264] York R., Rosa E. A., Dieta T.. STIRPAT, IPAT and IMPACT: Analytic Tools for Unpacking the Driving a Forces of Environmental Impacts [J]. Ecological Economics, 2003 (3): 351 – 365.

[265] Zaim O., Taskin F.. A Kuznets Curve in Environmental Efficiency: An

Application on OECD Countries [J] . Environmental and Resource Economics , 2000 (17): 21 −36.

[266] Zhou P. , Ang B. W. , Han J. Y.. Total Factor Carbon Emission Performance: A Malmquist Index Analysis [J] . Energy Economics, 2010, 32 (2): 194 −201.

[267] Zhu B. , Wei Y.. Carbon Price Forecasting with a Novel Hybrid Arima and Least Squares Support Vector Machines Methodology [J] . Omega, 2013, 41 (3): 517 −524.

[268] Zofio J. L. , Prieto A. M.. Environmental Efficiency and Regulatory Standards: The Case of CO_2 Emissions from OECD Industries [J] . Resource and Energy Economics, 2001 (23): 63 −83.

[269] "2050 Japan Low −Carbon Society" Project Team. Japan Scenario Sand Actions towards Low −Carbon Societies (LCS) [EB/OL] . http: //2050. nies. go. jp/report/file/lcs_ japan/2050_ LCS_ Scenarios_ Actions_ English_ 080715. pdf, 2008 −06/2011 −01 −15.